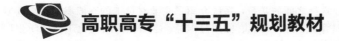
高职高专"十三五"规划教材

化工专业学生职业素养

刘爱国　主编

化学工业出版社
·北京·

本书详细介绍了兴趣爱好与职业选择之间的联系，系统介绍了企业对员工的一般职业素质要求，如学习能力、沟通能力、团队精神、时间管理、商务礼仪、应用写作等；本书作为培养化工专业学生职业素养的教材，针对性地介绍了化工企业的责任关怀、安全意识等内容；最后，介绍了中国企业的发展和成功企业家的经历，激励高职学生成人、成才。

本书结构合理、内容丰富、符合高职工科学生的实际需求，对提升化工及其相关专业高职学生的职业素养有较大的参考价值。

图书在版编目（CIP）数据

化工专业学生职业素养/刘爱国主编. —北京：化学工业出版社，2019.9（2025.8重印）

高职高专"十三五"规划教材

ISBN 978-7-122-34873-9

Ⅰ. ①化… Ⅱ. ①刘… Ⅲ. ①化学工程-大学生-职业道德-高等职业教育-教材 Ⅳ. ①B822.9

中国版本图书馆 CIP 数据核字（2019）第 167939 号

责任编辑：张双进　　　　　　　　　　　文字编辑：王海燕
责任校对：王鹏飞　　　　　　　　　　　装帧设计：王晓宇

出版发行：化学工业出版社（北京市东城区青年湖南街 13 号　邮政编码 100011）
印　　装：涿州市般润文化传播有限公司
787mm×1092mm　1/16　印张 9　字数 223 千字　2025 年 8 月北京第 1 版第 8 次印刷

购书咨询：010-64518888　　　　　　　售后服务：010-64518899
网　　址：http://www.cip.com.cn
凡购买本书，如有缺损质量问题，本社销售中心负责调换。

定　　价：29.00 元

▌前　　言▌

　　"企业究竟需要员工具备哪些职业能力与职业素养，高职学生如何实现从大学生到职业人的转变、不断明晰目标、增强职业能力、锻造职业素养"日益成为亟待解决的问题。　这是众多即将步入职场的高职大学生共同面临的困惑。

　　初入职场时会发现，企业不仅看重学生的学业水平、继续学习能力，更看重他们的合作精神、沟通能力、执行能力，以及忠诚度、责任心等职业素质。

　　近年来，很多高职院校开始实践项目化教学，不断加大技能培养，这对提高学生动手能力，达到"精熟一技，拔萃人生"的目标大有裨益；但美中不足的是，高职院校多以训练学生的动手能力为主，对企业重视的员工素质：安全意识、协作精神、沟通能力、职业礼仪、时间管理、抗压能力、诚实守信等素质没能较好地进行培训。　人民出版社出版发行了"全国高等院校学生素质提升系列教材"，笔者读后感触颇深，深感高职大学生亟须接受职业素质培养。　但要把每一种职业能力都详细地传授给学生，既不符合人才培养方案，教学时间也不允许。　编写一本介绍企业员工基本职业素养的小册子，向高职大学生展示企业需要其具备的"硬件"和"软件"，从而达到帮助高职大学生不断明晰职业发展方向并为之努力的目的，这是编者"编写此书为提升学生职业素养而尽绵薄之力"的初衷。

　　实际上，教育的惯性使得院校大多更注重学生知识体系的构建，在专业能力和职业素养的培养上明显不足，导致学校培养的高分学生与企业需要的综合能力强、心理健康、能解决实际问题的员工相距渐远。　我们知道，如果把人生比作一栋大厦，那么品行就是地基，只有地基坚固，大厦才能经风历雨仍牢不可摧。　品行实际上是对职业素养的高度概括。　为此，编者借鉴职业核心能力的内容，结合职业院校实际情况，力图用言简意赅的表达、生动贴切的故事从感性上给学生以启迪。　本书内容主要包括自我探索、学会学习、团队精神、沟通能力、时间管理、商务礼仪、责任关怀、安全意识、应用写作、企业概述等内容，希望能为学生的职业规划、素质养成尽绵薄之力。

　　本书由刘爱国主编和拟定提纲，李芮负责统稿。　编写人员从事职业素养培训工作多年，具有国家职业指导师资格证书。　各章主要撰稿人：第一、第四章由刘爱国撰写；第二、第五章由张盼盼撰写；第三章由刘艳亚撰写；第六章由王云、宫艳红撰写；第七章由訾雪撰写；第八章由赵长春撰写；第九章由许文韬、刘志刚撰写；第十章由杨敦宝撰写。　本书在编写过程中，参考了部分相关资料，并参阅了其他学者的优秀研究成果，得到了孙跃进、霍连波的大力指导，在此深表谢意。

　　由于编写时间紧张，编者水平有限，书中难免存在不足，本书权当抛砖引玉，不当之处，敬请广大读者提出宝贵意见，以期不断完善，盼与大家共同努力，使我们的学生重筑职业自信，实现人生辉煌。

编　者

2019 年 5 月

目 录
CONTENTS

第一章　自我探索 ·· 001
　第一节　认识自我 ·· 001
　第二节　职业兴趣 ·· 004
　第三节　自我介绍 ·· 008

第二章　学会学习 ·· 011
　第一节　学习概述 ·· 011
　第二节　如何学习 ·· 014
　第三节　学习什么 ·· 016

第三章　团队精神 ·· 024
　第一节　团队的含义及构成要素 ·· 024
　第二节　团队成员与角色管理 ··· 027
　第三节　团队精神 ·· 031
　第四节　团队合作 ·· 032

第四章　沟通能力 ·· 036
　第一节　沟通能力概述 ··· 036
　第二节　沟通的作用 ··· 038
　第三节　沟通的要求 ··· 039
　第四节　沟通能力提升方式 ··· 041

第五章　时间管理 ·· 046
　第一节　认识时间管理 ··· 046
　第二节　时间管理的误区 ·· 049
　第三节　时间管理的基本原则 ·· 050
　第四节　时间管理方法 ··· 053

第六章　商务礼仪 ·· 056
　第一节　文明礼仪常识之一——基本礼仪 ···························· 056
　第二节　文明礼仪常识之二——社交礼仪 ···························· 059
　第三节　文明礼仪常识之三——工作礼仪 ···························· 061
　第四节　文明礼仪常识之四——公共场所礼仪 ····················· 063

第七章　责任关怀 ··· 067

第一节　责任关怀概述 ·· 067

第二节　"责任关怀"的基本内容 ··· 072

第三节　"责任关怀"在我国的推行现状及展望 ·· 078

第八章　安全意识 ··· 082

第一节　安全生产的常识 ··· 082

第二节　安全标志 ·· 087

第三节　化工安全生产基础知识 ·· 102

第九章　应用写作 ··· 113

第一节　应用文写作的重要性 ·· 113

第二节　常用应用文写作格式介绍 ··· 114

第十章　企业概述 ··· 123

第一节　中国企业发展概述 ··· 123

第二节　企业的基本构架 ··· 127

第三节　企业的运行目的及运行方式 ··· 129

第四节　如何工作才能在企业有更好的发展 ··· 131

参考文献 ··· 136

第一章
自我探索

对绝大多数高职学生来说，大学是走向职场的最后一块试验场，大学的历练就是一个不断认识自我、明确目标并为实现目标而不断努力的过程。能够认识自我、了解社会发展趋势，并结合所学专业、制定科学的职业发展规划，采取正确的方式去实现每一个目标，就一定会学有所成，实现成人、成才、成功的人生价值，反之则会事倍功半。毫无疑问，认识自我是基础中的基础。那么，如何才能正确认识自我？我们不妨以倒推的方式来看一下招聘官的三板斧：请做一下自我介绍；讲述一下你最成功的实践经历；为什么我们应该录用你？下面让我们一起来回答招聘官的问题，从而了解自我。

第一节
认识自我

人的一生是一个不断进行自我探索的过程。"我"在古汉语中是"二戈相背，示威呐喊"之意；在现代汉语中是"施身自谓"之意，作人称代词。认识自我，就要树立信心、勇于展示自己。

💡 经典小故事

认清自己

山上的寺院里有一头驴，每天都在磨坊里辛苦拉磨。天长日久，驴渐渐厌倦了这种平淡的生活。驴每天都在寻思，要是能出去见见外面的世界，不用拉磨，那该有多好啊！

不久，机会终于来了。有一个僧人带着驴下山去，准备让驴驮点东西回寺庙，这让驴兴奋不已。

到山下后，僧人把东西放在驴背上，然后自己搬东西去了。没想到，路上行人看到驴时，都虔诚地跪在两旁，对它顶礼膜拜。

一开始，驴大惑不解，不知道人们为何要对自己叩头跪拜，慌忙躲闪。可一路上都是如此，驴不禁飘飘然起来，原来人们如此崇拜我。当它再看见有人路过时，就会趾高气扬地停在马路中间，心安理得地接受人们的跪拜。

回到寺院以后，驴认为自己的身份十分高贵，过去累死累活，真是不值得，因此，它死活也不肯再拉磨了。

僧人无奈，驴不肯干活，自己又不能杀生吃肉，只好放驴下山。

驴刚下山，就远远看见一伙人敲锣打鼓迎面而来，心想，一定是人们前来欢迎我，于是大摇大摆地站在马路中间。

那是一队迎亲的队伍，如今却被一头驴拦住了去路，人们愤怒不已，棍棒交加……驴仓皇逃回寺里，此时已经奄奄一息了。临死前，它愤愤地告诉僧人："原来人心险恶啊，第一次下山时，人们对我顶礼膜拜，可是今天他们竟对我狠下毒手。"

事实真相："果真是一头蠢驴！人们跪拜的，是你背上驮的佛像啊。"

人生感悟：人生最大的不幸，就是一辈子看不清自己，不能给自己准确地定位。这个故事同时也告诉我们，有时，离开平台，自己什么都不是！善待自己的单位就是善待自己。

老子有句名言："知人者智，自知者明"。自知即认识自我，就是要知晓自己想干什么、能干什么、可以干什么。著名的心理学家西格蒙德·弗洛伊德则将每个个体的人分成本我、自我、超我三个层次。本我就是内心、原始的我，像小孩甚至动物一样爱干什么就干什么，内心处于我"想"这样干的状态。自我是现实的、理智的我，是因为"现实"的考虑而控制住内心冲动不让其表现出来的我，内心处于我"必须"这么做的状态。超我就是从"道理"上觉得事情"应该"这么做，内心处于我"应该"这样做的状态。例如，当你身无分文、饥肠辘辘之时，看到一盘热气腾腾的包子，本我会产生不计后果吃完再说的冲动；而自我则会分析情况，克制这种冲动，做出适当的行为，比如再忍一忍或者是用乞讨赊欠的方式获取食物；超我会督促自己，利用劳动替换等方式满足需求。

理论应用：假设有位同学天生对英语不感兴趣，成绩一直处于挂科状态，明天是最后一次补考机会，如果不过，则会影响正常毕业。请用所学理论进行分析。

认识自我任重道远，人的奋斗历程就是认识自我的过程。要想正确地认识自己，就需要时刻提醒自己：我想做什么、我能做什么、我可以做什么。例如，我们来到高职院校，学习化工专业，梦想当一名高级化工工程师。要想成为一名优秀的化工工程师，首先我们要问自己，这份工作适合自己吗？胜任这份工作需要具备哪些专业技能和素养？当前应该做什么、能做什么？如何去做？看，问题来了，我们一个个去解决，就可以或者可能成为一名化工工程师。我们来看一个案例。

💡 经典小故事

勇于付出

麦瑞·格丽13岁的时候，梦想成为一名出色的医生，想拥有一套完整的人体骨骼模型。 后来，父亲带来了被处理过的骨架。 她总是喜欢在手里攥一块白骨揣摩，只用了两周的时间，她就可以把骨架模型完全拆卸，然后组装得毫无瑕疵。

在被霍普金斯医学院录取时，没有实际坐诊经验的她，并不次于一些在医学院学习了4年的学生。 她的特殊，让霍普金斯医学院决定破例，提前允许一个新生跟随教授们研究课题，到医学院的附属医院坐诊，学习实际诊断的技术并积累经验。对此，有一些反对的声音，而霍普金斯的副校长却说："为什么不呢？ 既然她已经为到'罗马'付出了那么多努力，我们不妨让她的速度更快一些。"

在一次医院的手术中，身为助手的麦瑞发现，自己竟然晕血。 当看到医师的手术刀割出剖口，鲜血涌出的时候，她的四肢冰冷、头晕目眩，没有听清医师说什么就晕了过去。

尽管难过，麦瑞却认为自己不能就此止步。 为了洗刷耻辱，弥补缺陷，她开始私下里在实验室解剖青蛙、豚鼠。 她佩戴了墨镜，想通过看不到殷红色的鲜血来缓解自己的紧张。 可惜还是失败了，只要闻到血腥的味道，她就会出现晕血的症状。

学校建议麦瑞专修内科，那里不需要与鲜血和手术接触。 可大家都忽略了一点，内科的病号也有咳血等症状。 在查房的时候再次晕倒，让麦瑞无法继续自己的学业。 她心灰意冷，休学回到家中，常常在卧室里一待就是一天。

最疼爱麦瑞的祖母很是焦虑，她决定找麦瑞好好谈一谈。

那天下午，她拿着自己精心从《国家地理》杂志上找出的图片，来到了麦瑞的卧室。 她把那些美丽的风景一张张地展示给麦瑞看。 麦瑞不理解祖母想向自己表达什么。 祖母在她看完最后一张图片后，用手抚摸着她金色的头发，柔声说道："孩子，这个世界上不仅仅只有'罗马'。 只要你愿意，你完全可以到达同样美丽、甚至更加美丽的地方。"

看着祖母温暖的目光，麦瑞忽然哭了起来。 眼泪冲走了她之前关于理想的所有憧憬，无论什么原因，当自己与目标不得不擦肩而过时，她知道，强求只能是自取其辱。 如果方向不对，最好的方法就是毅然决然地放弃，然后重新开始。

麦瑞重新选择了一所大学。 毕业后，她在报纸上看到了关于风靡世界的芭比娃娃的讨论。 那些粉丝说，芭比的身体实在是太僵硬，能活动的关节不多，眼睛不够大，与之前人们希望它越来越像真人的期望相差甚远。

麦瑞想起了组成人体的那些骨骼，想起了自己以前所积累的知识。 她顺利进入 Mixko 公司，并且完成了"芭比娃娃征服世界之旅"的重要一步——发明了骨瓷环，她赋予了芭比娃娃更宽大的额头和更大的眼睛，让芭比娃娃更接近真人。

麦瑞无法想象，那个曾经固执的自己如果坚持下去，现在会是什么样子。 或者一事无成，或者遥遥地幻想着自己的"罗马"而永远无法到达。 祖母的比喻虽然直白，却无比正确。 世界上不仅仅只有一个美丽的"罗马"，前方更不仅仅只有"罗马"一个目标。

> **人生感悟**：上帝给你关上一扇门，就必然会给你打开一扇窗。经历是年轻人的最大财富，每一次经历，无论成功与否，必然会让我们更加强大。同时，愿青年朋友们宁愿在外碰壁，也不要在家面壁。不出去经历风雨，怎能见彩虹？

人生目标的确立是一个不断修正的过程，正确的目标加上个人的努力才能到达光辉的彼岸。目标的确立要结合自身情况和社会需求，就像刘翔适合短跑、姚明适合篮球，二者如果更换位置，取得耀眼成绩的可能性会大大降低。

理论指导

职业规划

一份好的职业规划，需要考量理想、现实和合适的道路等因素，如图 1-1 所示。

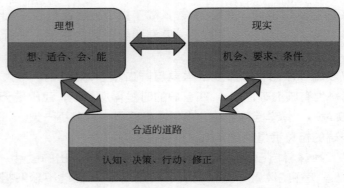

图 1-1 职业规划需要考量的因素

第二节
职业兴趣

通过前面的学习，同学们已开始思考自己当前的职业规划，可能会常常自问：自己的理想是什么，应该采取什么样的方式去实现自己的理想？实际上，最佳结果是"我们想干什么、能干什么，实际中恰恰干着什么"，这就是人职匹配。要实现人职匹配，首先要解决的问题是知晓个人的职业兴趣。众所周知，兴趣是学习最好的老师，其实，兴趣也是我们选择职业最好的老师。下面，我们一起来揭开自己的职业兴趣之谜。

兴趣是什么？

同学们一起来思考一个问题：什么时候，你感到最快乐？

你可以专心致志的事情是……

你曾经废寝忘食的时候是……

你感受过的忘我的状态……

兴趣是我们内心动力和快乐的来源。

兴趣指的是无论我们能力高低，也无论外界评价如何，我们依然乐此不疲的事情。

　　就职场而言，兴趣是人们获得工作满意度、职业稳定性和职业成就感的重要影响因素，因而也是职业选择时的考虑因素。虽然兴趣是我们动力和快乐的来源，但是工作并不是体现兴趣的唯一途径。

　　分析下列说法是不是兴趣。

　　"我想睡觉，我想看电影。"

　　"我身体不好，所以想学医。"

　　"我做得很好，但是我不想做。"

　　"我想跨专业就业。"

　　下面让我们一起来了解职业兴趣。

心理测试

职业兴趣

　　恭喜你！你获得了一次免费度假游的机会，有机会去下列六个岛屿中的一个（图1-2）。唯一的要求是你必须要在这个岛上待至少三个月的时间。请不要考虑其他因素（钱不是问题、时间不是问题，一切都不是问题），仅凭自己的兴趣挑出你最想前往的岛屿，尽力感知内心的真正呼唤。

> **1号岛屿：** 自然原始的岛屿。岛上自然生态保持得很好，有各种野生动物。居民以手工见长，自己种植花果蔬菜、修缮房屋、打造器物、制作工具，喜欢户外运动。

> **2号岛屿：** 深思冥想的岛屿。有多处天文馆、科技博览馆及图书馆。居民喜好观察、学习，崇尚和追求真知，常有机会和来自各地的哲学家、科学家、心理学家等交换心得。

> **3号岛屿：** 美丽浪漫的岛屿。充满了美术馆、音乐厅，街头雕塑和街边艺人，弥漫着浓厚的艺术文化气息。居民保留了传统的舞蹈、音乐与绘画，许多文艺界的朋友都喜欢来这里找寻灵感。

> **6号岛屿：** 现代、井然的岛屿。岛上建筑十分现代化，是进步的都市形态，以完善的户政管理、地政管理、金融管理见长。岛民个性冷静保守，处事有条不紊，善于组织规划，细心高效。

> **5号岛屿：** 显赫富庶的岛屿。居民善于企业经营和贸易，能言善道。经济高度发展，处处是高级饭店、俱乐部、高尔夫球场。来往者多是企业家、经理人、政治家、律师等。

> **4号岛屿：** 友善亲切的岛屿。居民个性温和、友善、乐于助人，社区均自成一个密切互动的服务网络，人们重视互助合作，重视教育，关怀他人，充满人文气息。

图 1-2　六个岛屿的特色

理论分析

　　上面的六个岛屿对应人们不同的兴趣偏向，具体见表1-1。

表 1-1　六个岛屿对应的兴趣偏向

项　　目	兴趣类型	英　　文	特　　点
1号岛屿	实用型——R	realistic	喜欢与物打交道
2号岛屿	研究型——I	investigative	内敛型
3号岛屿	艺术型——A	artistic	喜欢自然美（"乱"）
4号岛屿	社会型——S	social	喜欢与人打交道
5号岛屿	企业型——E	enterprising	外放型（希望全世界都知道他们很低调）
6号岛屿	事务型——C	conventional	整洁有序

理论知识

霍兰德的职业兴趣理论

基本假设：

① 人的兴趣可以分为不同的类型。

② 环境也可以分为不同的类型。

③ 人与职业环境的类型匹配是形成职业满意度、成就感的基础。

霍兰德的兴趣类型编码（图1-3）：

单编码：R，I，A，S，E，C

双编码：RI，RA，EA，ES…

三编码：ISA，EAS，CRI…

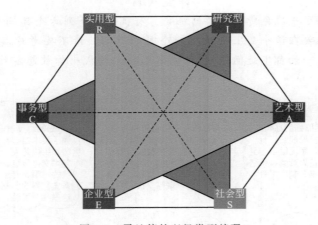

图1-3　霍兰德的兴趣类型编码

 实际应用

人们的兴趣是多种多样的，没有高低贵贱之分。只要遵从内心的意愿，合理地规划职业生涯，同学们一定能实现自己的人生价值。不同的兴趣类型适合从事的职业见表1-2。

表1-2　不同的兴趣类型适合从事的职业

类　型	喜欢的活动	重　视	职业环境要求	典型职业
实用型 R	用手、工具、机器制造或修理东西。愿意从事实物性的工作、体力活动，喜欢户外活动或操作机器，而非办公室工作	具体实际的事物，诚实，有常识	使用手工或机械技能对物体、工具、机器、动物等进行操作，与"事物"打交道的能力比与"人"打交道的能力更为重要	园艺师、木匠、汽车修理工、工程师、军官、外科医生、足球教练员
研究型 I	喜欢探索和理解事物，学习研究那些需要分析、思考的抽象问题，喜欢阅读和讨论有关科学性的论题，喜欢独立工作，对未知问题的挑战充满兴趣	知识，学习，成就，独立	分析研究问题、运用复杂和抽象的思考创造性地解决问题的能力，谨慎缜密，能运用智慧独立地工作，一定的写作能力	实验室工作人员、生物学家、化学家、心理学家、工程设计师、大学教授

续表

类　型	喜欢的活动	重　视	职业环境要求	典型职业
艺术型 A	喜欢自我表达，喜欢文学、音乐、艺术和表演等具有创造性、变化性的工作，重视作品的原创性和创意	有创意的想法，自我表达，自由，美	创造力，对情感的表现能力，以非传统的方式来表现自己，自由开放	作家、编辑、音乐家、摄影师、厨师、漫画家、导演、室内装潢设计师
社会型 S	喜欢与人合作，热心关心他人的幸福，愿意帮助别人成长或解决困难，为他人提供服务	服务社会与他人，公正，理解，平等，理想	人际交往能力，教导、医治、帮助他人等方面的技能，对他人表现出精神上的关爱，愿意担负社会责任	教师、社会工作者、牧师、心理咨询师、护士
企业型 E	喜欢领导和支配别人，通过领导、劝说他人或推销自己的观念、产品而达到个人或组织的目标，希望成就一番事业	经济和社会地位上的成功，忠诚，冒险精神，责任	说服他人或支配他人的能力，敢于承担风险，目标导向	律师、政治运动领袖、营销商、市场部经理、电视制片人、保险代理
事务型 C	喜欢固定的、有秩序的工作或活动，希望确切地知道工作的要求和标准，愿意在一个大的机构中处于从属地位，对文字、数据和事物进行细致有序的系统处理以达到特定的标准	准确、有条理、节俭、盈利	文书技巧，组织能力，听取并遵从指示的能力，能够按时完成工作并达到严格的标准，有组织、有计划	文字编辑、会计师、银行家、簿记员、办事员、税务员、计算机操作员

课堂练习：
1. 就学生的选择进行职业分析。
2. "我们的爱好相同，说明我们的兴趣一样？"

兴趣可以划分为职业兴趣和非职业兴趣，但几乎每一种兴趣都可以与某种职业联系起来。当然，并不是所有的兴趣都应该在自己的职业中体现，关键在于如何在工作和生活之间协调与平衡，以及怎样将工作与个人爱好适度统一。

因此，我们常常需要思考——"我为自己的兴趣做什么了？"

现实考虑

在职业规划课堂上，学生们经常说："我对自己所学的专业不感兴趣？我对所从事的工作不感兴趣？"

面对这一矛盾，我们应该怎么办呢？

研究发现：在现实中，真正做到人职匹配（自己的爱好与职业完全相符）的不足20%，大部分人从事的工作与所学专业和自己的兴趣爱好并不吻合。大多数情况下是综合平衡的结果，比如自己喜欢留在大城市工作，而父母却希望自己留在家乡（或者其他原因需要留在家乡），多方平衡后会有所改变；同样大部分人虽然不喜欢自己所从事的职业，但可以忍受并逐步适应。

第三节
自我介绍

走向社会，经常遇到要不断地向别人介绍自己的场合。因此，除了对自己有较清晰的认识，还要善于表达与推销自己。下面我们就一起来学习自我介绍。

一、理论准备

在 1977 年，有一本《列表之书》畅销全美。书中有一章的标题是人类的十四种恐惧，而死亡只排第六位。排在第一的恐惧是什么呢？那就是在一群人面前讲话。

自我介绍的重要性：自我介绍是为了向别人展示自己，自我介绍好不好与你给别人的第一印象的好坏直接相关，甚至影响以后交往的顺利程度。同时，自我介绍也是认识自我的手段。自我介绍是每一个职场人都必然要经历的一件事情，只不过，有的人一年也碰不上几次，而有的人则一个星期可能需要做很多次。众所周知，自我介绍是日常工作中与陌生人建立关系、打开局面的一种非常重要的手段，因此，让自己通过自我介绍被对方认识甚至得到对方的认可，是一种非常重要的职场技能。

二、自我介绍的意义

意义一：自我介绍是沟通的起点，是几千年文化的积累，也是做好一名职业人的起点。
意义二：自我介绍有助于自我展示、自我宣传、把握机会。
意义三：自我介绍也是认识自己的重要方式。

> **课堂练习**：自我介绍还有什么意义，请你补充.......

三、自我介绍的方法与实例

自我介绍，首先要根据实际需要确定自我介绍的具体内容，力求做到特色鲜明，重点突出，切不可"千人一面"。适当加入幽默、诙谐、自嘲，有时候更能起到加深印象、增进交流的作用。比如，刘美丽的自我介绍：我叫刘美丽，来自山东菏泽，颜值与名字相差较远，主要是父母为了表达对我的奢望，同时时刻提醒我不要忘记对美丽的执着追求……

根据自我介绍的场合的不同，自我介绍可以分为下述六种具体形式。

1. 应酬式

应酬式的自我介绍，适用于某些公共场合和一般性的社交场合，如旅行途中、宴会厅里、学术交流等。它的对象，主要是进行一般接触的交往对象。这种自我介绍最为简洁，往往只包括姓名一项即可。

实例：

"您好！我的名字叫张强。"

"您好，我是周长浩。"

2. 工作式

工作式的自我介绍，主要适用于工作之中。它是以工作为自我介绍的中心，因工作而交际，因工作而交友。有时，这种介绍也称公务式的自我介绍。工作式自我介绍的内容，应当包括本人姓名、供职的单位和部门、担负的职务或从事的具体工作等三项。上述三项内容被称为工作式自我介绍内容的三要素，通常缺一不可。其中，第一项姓名，应当一口报出，不可有姓无名，或有名无姓。第二项供职的单位及其部门，最好全部报出，具体工作部门有时也可以暂不报出。第三项担负的职务或从事的具体工作，有职务最好报出职务，职务较低或者无职务的，则可报出目前所从事的具体工作。

实例：

"你好！我叫张强，是东营市正泰房地产开发有限公司的销售经理。"

"我是周长浩，现在在东营职业学院任教，教授化工原理。"

3. 交流式

交流式的自我介绍，主要适用于社交活动中，它是一种刻意寻求与交往对象进一步交流与沟通，希望对方认识自己、了解自己、与自己建立联系的自我介绍。有时，这种自我介绍也被称为社交式自我介绍或沟通式自我介绍。

交流式自我介绍的内容，大体应当包括介绍者的姓名、工作、籍贯、兴趣以及与交往对象的某些熟人的关系等等。它们不一定非要面面俱到，而应依照具体情况而定。

实例：

"我叫张强，现在在石大科技有限公司工作。我是石油大学炼制系87级的，咱们好像是校友。"

"我的名字叫徐文婷，现在在天宏公司当财务总监，我和您先生是高中同学。"

"我叫张璞，菏泽人。听你说话，好像也是菏泽的，你是菏泽什么地方的？"

4. 礼仪式

礼仪式的自我介绍，适用于讲座、报告、演出、庆典、仪式等一些正规而隆重的场合。它是一种意在向交往对象展示自己友好、敬意的态度的自我介绍。

礼仪式自我介绍的内容，亦包含姓名、单位、职务等项，但是还应多加入一些适宜的谦辞、敬语，以示自己对交往对象的尊重。

实例：

"各位来宾，大家好！我叫侯志和，是圣康公司的副总经理。现在，由我代表本公司热烈欢迎大家光临我们的开业仪式，谢谢大家的支持。"

"各位来宾，大家好！我叫张强，是山东东昌精细化工有限公司的销售经理。我代表本公司热烈欢迎大家光临我们的展览会，希望大家……"

5. 问答式

问答式的自我介绍，一般适用于应试、应聘和公务交往。在普通交际应酬场合，有时也应用。

问答式自我介绍的内容是问什么答什么，有问必答。

实例：

甲问："这位小姐，你好，不知道你应该怎么称呼？"乙答："先生你好！我叫王雪。"

主考官问："请介绍一下你的基本情况。"应聘者答："各位好！我叫张军，现年 28 岁，陕西西安人，汉族，中共党员，已婚，2015 年毕业于西安交通大学船舶工程系，获工学学士学位。现在北京首钢船务公司任助理工程师，已工作 3 年。其间，曾去阿根廷工作 1 年。本人除精通专业外，还掌握英语、日语，懂电脑，会驾驶汽车和船只。曾在国内正式刊物上发表过 6 篇论文，并拥有一项技术专利。"

6. 幽默式

此开场适用于轻松、欢快的氛围，如公司晚会、联欢会等，前提是使用者必须具备幽默自嘲的态度。

实例：

林肯竞选总统时的自我介绍："我叫林肯，我所有的财产就是一位妻子和三个女儿，都是无价之宝。此外，还有一个租来的办公室，室内有桌子一张、椅子三把，墙角还有大书架一个，架子上的书值得每人一读。我本人既穷又瘦，脸很长。我实在没什么可依靠的，我唯一可依靠的就是你们。"

自我介绍的简单总结：

① 自我介绍的前提：认清自己。

② 自我介绍的条件：相信自己。

③ 自我介绍的行动：表现自己。

④ 自我介绍的结果：完善自己。

⑤ 学会自我介绍的秘诀：成功没有捷径，唯有勤学苦练。

 【小作业】

请同学们按照不同的场合背景，进行一分钟的自我介绍。

第二章
学会学习

苏格拉底是古希腊的大哲学家，一天，有位青年人来拜访他。

"先生，我很崇拜学识渊博的您！我也想多掌握些知识，请问我怎样才能学到更多的知识呢？"

苏格拉底说："这没什么，只要你努力学习就是了。"

"可是我总是学不下去。"

"那是你还不知道知识的重要性。"

"那么怎样才能知道知识的重要性呢？"

"如果你真想知道知识的重要性，请跟我来！"

苏格拉底把青年人带到海边和他一起下了水，走到很深的地方时，苏格拉底一下子把他的头按到水里去了，一会儿他放开年轻人问道："你在水里感到最需要的是什么？"

"空气，最需要的是空气！"

苏格拉底笑着说："你说的很对，如果你明白了需要知识和在水中需要空气同样重要，那你就可以坚持学习，得到知识了。"

青年人有所悟，深深地向苏格拉底鞠躬致谢。

"学会学习、学会创造、学会合作、学会生存"已成为21世纪教育的主题。美国著名未来学家阿尔温·托夫勒曾经指出："未来的文盲不再是不识字的人，而是没有学会怎样学习的人。"可见，学会学习是每一个现代人的首要任务和终身任务，更是高职学生顺利融入职场的必备技能。

第一节
学习概述

学习是人区别于其他动物的一个重要标志。人非"生而知之"，一定是"学而知之""思而知之""行而知之"。任何一个人，如果一生下来就与其他动物为伴，那就与动物没有什么差别。狼孩、猪孩的案例早已有力地证明了这一观点。长江商学院著名人文学家、全球新儒学专家杜维明也向我们强调了这一点："人不学习与其他动物没什么差别。""如果学习的方向错了，还不如不学习。"

人从出生到死亡学习从未间断，从哇哇学语开始，慢慢通过学习了解这个世界。

学习作为一种获取知识、交流情感的方式，已经成为人们日常生活中不可缺少的一项重要内容，尤其是在知识经济时代的二十一世纪，自主学习已是人们不断满足自身需要、充实原有知识结构、获取有价值的信息，并最终取得成功的法宝。

除了个人学习，团队学习也非常重要。为什么特别强调"团队学习"？人心齐，泰山移；人心散，事业瘫。如果团队成员学习的内容不一样，那么，这个团队就有可能成为一个"打架团队"。

通过团队学习，形成"团队三共"：共识，共鸣，共振。这"三共"是有顺序的，"共识"在先，"共鸣"随后，"共振"最后，这是团队建设的"三步曲"。

必须坚持团队学习，学相同才能思相近（共识），思相近才能言相和（共鸣），言相和才能行相辅（共振）。

"共振"是一种什么样的力量呢？18世纪，一队士兵由于齐步走而震塌了一座桥，这就是共振！而美国发明家特斯拉则称："用一件共振器，我就能把地球一裂为二！"当然，我们追求的是正面共振，不是负面共振。

团队学习追求高度一致，即使所学的内容一样，如果只是学习的时间顺序不同，也达不到理想的效果。众所周知，力有三要素：方向、大小、作用点。实际上，我认为力还应有"第四要素"，那就是"时间"。团队成员之间，即使力的作用点一样，方向也一致，大小上也是尽己所能，但唯独时间不一致，那又有什么用呢？要是派他们去参加拔河比赛，肯定不会常赢。

一、学习的定义

学习包括广义学习和狭义学习。

广义的学习是指由于经验所引起的行为或思维的比较持久的变化过程，有以下特点：

① 学习的发生是由于经验所引起的；

② 学习引起的变化见之于行为；

③ 不是所有行为的变化都意味着学习；

④ 学习不是人类普遍具有的，动物也存在学习。

狭义的学习是指凭借间接经验产生的、按照教育目标要求的比较持久的能力或倾向的变化过程。它是一种特殊的学习形式，是在教师指导下，以掌握人类所积累的动作技能、知识经验、政治思想和获得健康人格发展为主要任务，有目的、有组织、有计划地进行。有如下特点：

① 以掌握间接经验为主；

② 在有计划、有目的和有组织的情况下进行；

③ 学习的主动性和被动性并存。

二、学习的种类

教育心理学对学习进行了系统的研究，但学习现象本身的复杂性使其分类变得十分困难。总的来说，我国心理学者按照学习的内容与结果把学习分为：

① 知识的学习，包括对知识的感知与理解；

② 技能与熟练的学习，主要指运动的、动作的技能与熟练；

③ 心智的、以思维为主的能力的学习；

④ 道德品质与行为习惯的学习。

三、学习的过程

我国古代儒家的学习心理思想就曾把学习划分为若干个阶段（《治学篇》）。孔子把学习过程划分为立志、学、思、习、行等阶段。现代理论认为，学习的具体过程可以分为学、思、习、行四个阶段。用现代心理学的话说就是：感知、理解、巩固和应用。

1. 感知

感知，这是学习过程的第一个阶段或初级阶段。它通过各种感觉和知觉去观察物质或物质化的材料，去听取多方声音，去进行实验操作等等，以获得丰富的感性知识。

2. 理解

理解，这是学习过程的第二个阶段或深入阶段。它通过思维和想象，将感性知识提高为理性知识，并对理性知识逐一分析，达到融会贯通。这从信息论的观点来看，就是把上一阶段所获得的大量信息进行编码加工，使其系统化、概括化。学习过程中理解阶段的核心智力因素就是思维力和想象力。

3. 巩固

巩固，这是学习过程的第三个阶段，在摄取和理解知识的同时，特别是在这之后，还需要有一个巩固的阶段。巩固知识的过程，就是通过记忆把摄取和理解的知识牢固地保留在头脑中，以便在需要时能及时地提取出来加以运用。这从信息论的观点来看，就是把前两个阶段所获得的大量信息存储在脑神经细胞中，以备不时之需。学习过程中巩固阶段的核心智力因素就是记忆力。

4. 应用

学习过程的最后一个阶段就是知识的应用，即把通过感知、思维、想象和记忆所获得的知识，运用到实际生活中，以便形成相应的技能和技巧的过程。可以说，知识应用于实际的过程，就是形成技能和技巧的过程。它一般又可以分为两个阶段，即技能阶段和技巧阶段，这两个阶段既有区别，又有联系，彼此促进，互为因果。

四、学习的关键

① 树立远大的目标是学习的前提；

② 树立自主学习的学习观是学习的基础；

③ 掌握科学的学习方法是学习的关键；

④ 善于自学是学习的基本途径；

⑤ 学习，要创新学习手段，学会利用现代化学习工具；

⑥ 学习，要改变学习方式，从"学会"转向"会学"。

"问渠哪得清如许，为有源头活水来。"学习就是活水，不断更新我们的知识与能力，为我们的成长前进提供新鲜的养分。

古往今来，勤学刻苦的例子不胜枚举。

东晋的王羲之，虚心学习前人优秀的书法，博采众长，不断研习提升自己的书法水平，自成一派，流传千古。

西汉的匡衡，为了学习，凿壁偷光，最终学有所成，求得功名报效国家。

近代伟大的文学家鲁迅先生，弃医从文，学贯古今，阅读大量优秀的著作，更新自己写作的思想体系，笔下的文字如鞭子直指利害，篇篇都是经典。每当别人问他写文章的秘诀是什么，他的回答都是"勤奋"。

德国著名的物理学家爱因斯坦，也是终身学习的践行者。有人问爱因斯坦："您可谓是物理学界空前绝后的人才了，何必还要孜孜不倦地学习？何不舒舒服服地休息呢？"爱因斯坦并没有立即回答他这个问题，而是找来一支笔、一张纸，在纸上画上一个大圆和一个小圆，说："目前情况下，在物理学这个领域里可能是我比你懂得略多一些。正如你所知的是这个小圆，我所知的是这个大圆。然而整个物理学识是无边无际的。对于小圆，它的周长小，即与未知领域的接触面小，他感受到自己的未知少；而大圆与外界接触的周长大，所以更加感到自己未知的东西多，会更加努力去探索。"

学无止境，既是指引我们今后工作生活的导航，也是践行终身学习的目标。

第二节
如何学习

"学会学习"是现代学习的一种新观念，要求学习者在学习科学、文化、知识、技能、方法诸方面形成高度统一；树立正确的思想观、人才观；形成良好的道德、品质；深刻认识学习的本质，主动培养良好的学习品质和优良的学风，并学会正确感知信息和有序加工转化信息的基本原理和学习的基本规律。

要"学会学习"，我们必须有效地认识影响学习情境的有关因素，并依此来安排、组织、调整自己的学习活动；必须对自己学习的心理活动有自我意识（具有元认知意识）；必须有一定的知识储备，形成新知识的"落脚点"或"固定点"；必须有符合自己的科学的学习方法；必须懂得合理用脑，讲究用脑卫生；必须学会把已掌握的知识、方法、动机、态度迁移到新的学习情境中，解决新的学习问题。

一、树立正确的学习观念是学会学习的前提

在学习观念上，学生必须树立以下六个方面的观念。

1. 勤奋学习的观念

学习本身就是勤奋和努力的过程，勤奋学习的观念是对传统学习观念精华的继承。勤奋是学习、成才与作出贡献的重要前提条件，是成功的基石。"天才就是勤奋。"所以勤奋学习是整个学习观念系统中最基本的概念，学生一定要在学习中，长期坚持不懈地勤奋学习。

2. 全面学习的观念

作为终身学习的一个环节，高职教育仍然是基础教育阶段，德、智、体、美、劳诸方面都要打好基础，才能向着和谐的、全面发展的方向成长、成才。只有多方面而又合理地同步发展，才能成为能文能武、德才兼备的新型人才，才能担负建设国家的重任。

3. 自主学习的观念

在教育教学过程中，学生是学习的主体，教师只是起了主导作用。自主学习的观念包括自我走向、自我识别、自我选择、自我培养、自我控制、自我评价等几个方面。自主学习的观念有利于提高学生自求得之的能力。

4. 实践学习的观念

学习的最终目的是"运用于实践"，任何一门学科的知识都需要通过实践才能得到巩固和深化。学生必须坚持这一观念，做到"学以致用"。

5. 科学学习的观念

学生要知道什么是学习、为什么要学习、要学习些什么、如何去学习；学生应认识到世界上最有价值的知识是关于方法的知识。科学的学习方法是求知的飞船、学习的翅膀，是一把打开智慧宝库的金钥匙，使自己成为"勤奋＋方法型"的学习者，成为讲求学习效率、学习得法的优秀学生。因此，学习的科学性是十分必要的。

6. 终身学习的观念

学习是一个终身过程，漫漫人生路其实就是不断学习知识的过程，当代人尤其是高职学生必须树立终身学习的观念。

二、培养浓厚的学习兴趣是学会学习的内在动力

要取得良好的学习效果必须要有浓厚的学习兴趣。兴趣是走向成功的第一步。学习兴趣对学习起着巨大的推动作用，有利于提高学生的学习积极性和学习效率。兴趣是最好的老师，学生的学习兴趣是直接影响学生学习成果的主要因素。只有调动学生的学习兴趣，才有可能使之主动、自觉地学习，也才有可能取得最终的成功。导致学生对学科失去兴趣的原因主要有几方面：基础不好、产生自卑感、认为学习无用、不适应老师的教学方式。所以学生要培养学习兴趣，就要做到：打好基础、克服自卑感、去除"学习无用的观念"、尽快适应老师的教学方式。培养浓厚的学习兴趣，关键是刻苦学习，当自己真正为学习付出努力，取得成功、获得喜悦时，兴趣就会随之而来。

三、掌握科学的学习方法是学会学习的关键

所谓学会学习，在某种意义上就是学会学习的方法。科学的学习方法不仅有利于在学习活动中少走弯路、培养和提高各种学习能力、提高学习效率；更重要的是，学习方法是人们攀登学习高峰、学有所成必不可少的重要因素。学习方法就是学生学习时所采用的方式、手段、途径和技巧。"学习有法，学无定法，贵在得法"，最好的学习方法是适合自己的学习方法。所以学生必须探索适合自己的学习方法。学生可以根据自己的性格特点和思维特点去选择适合自己的学习方法；又可以批判地吸纳别人的优秀经验；同时又要注重实践，通过实践来探究这些方法是否适合自己。

四、培养良好的学习习惯是学会学习的基本途径

学生要提高自己的学习能力，就必须养成良好的学习习惯。良好的学习习惯有：先预习后听课的习惯；在理解的基础上记忆知识的习惯；先复习后做作业的习惯；认真审题的习

惯；独立思考、细心解题、耐心检查和及时纠正错误的习惯；对解题过程进行总结的习惯；养成在生活中随时随地应用所学知识的习惯。根据习惯形成的特点，既要注意从早抓起，防微杜渐，高度警惕任何不良习惯的滋长，把它消灭在萌芽状态；又要注意从点滴抓起，持之以恒，日积月累，坚持到底。

五、注重学习实践是学会学习的归宿

"实践是检验真理的唯一标准。"学生正确的学习观念需要通过实践来证明；科学的学习方法需要通过实践来探索；浓厚的学习兴趣和良好的学习习惯需要通过实践来培养；学到的知识最终需要运用到实践中，通过实践巩固和深化知识。在实践中，学生认真执行自己的学习计划，努力实现自己的学习目标。

学会学习的技巧：

① 把学习的愿望变为学习的欲望；

② 不仅学习有字书，还要学习无字书；

③ 让学习成为我们的一种生活方式和生活习惯；

④ 以学习思路为主进行学习，因为思路决定出路，出路决定命运；

⑤ 学会向先进工作者学习、向优秀的人学习。

第三节
学习什么

初入职场，除了要有过硬的专业职业技能、人格魅力，还需要具备独特的能力、良好的心态以及精神品格。

一、良好的心态

初入职场的大学生，在面对新的工作和新的职场环境的时候，该怎样迅速地融入新的集体呢？这主要看一个人适应新环境的能力和心态调整能力。并不是说能力越高的人适应新环境的能力就越强，很多时候能不能适应一个新的环境，很大程度上是由我们个人的心态决定的。那么，作为职场新人应该具备哪些良好的工作心态呢？

1. 要有一个空杯的心态，摒弃以前的各种光环重新学习

很多人在进入职场之前都是很优秀的，手握多项证书，头顶多种光环。但是进入一个新的职场时，别人并不知道或并不在意你的这些光环。这时候你需要尽快调整自己的心态，不要以自我为中心，觉得自己太优秀而忽视了学习的机会。所以，作为职场新人，要有空杯的心态，这样才能更好地向身边优秀的人学习，不断地进步。

2. 要有一个接受挑战的心态，不要把职场新人作为借口

尽管你是一个职场新人，但是领导还是希望你能尽快地胜任工作，给公司创造价值。所以，不要以自己还是职场新人作为借口，推脱一些本可以挑战一下就能完成的事情。有时候逼自己一下，你会发现自己还是很有潜力的。但如果每次都不去尝试新鲜的事物，长期如此，你只会被公司和社会淘汰。所以，进入职场，一定要做好能够接受挑战的准备，成功就是坚持，坚持，再坚持。

3. 要有一个学习的心态，时刻提醒自己不学习就会被淘汰

职场中的每个人都是在不断地学习中找到更好、更适合自己的工作方法的。初入职场，肯定有很多东西是我们不了解和不熟练的，这个时候我们该怎么办呢？除了努力地向他人学习之外，没有别的更好的办法。除了向其他同事请教，我们自己也要不断地丰富自己，利用业余时间不断学习，提高自己的技能。

4. 要有一种无为心态，认真学习和领悟职场规则

什么是无为心态，并不是说让你什么也不做，而是要你清楚地知道自己所处的位置，知道什么该做什么不该做。职场规则和学校里不同，不同的职场其规则也不尽相同，所以我们要懂得观察和学习，遵循这种既定的职场规则，不要越俎代庖，更不要不懂装懂。做好自己分内的事，在别人允许的情况下再进一步学习和完善自己的工作，懂得职场分工的重要性。

5. 要有一个甘愿做绿叶的心态，帮助领导把事情做好

很多初入职场的人会抱怨：那件事明明是我做的，反而被自己的领导抢了功劳。其实，这没有什么可抱怨的，是我们的心态没有摆正，作为一个职场新人，要有这种甘愿做配角和绿叶的准备。因为你要相信只有你的领导不断认可你的能力，你才有机会变成主角，拥有自己的光环。

6. 要有认真对待本职工作的心态，不忘初心

很多人找工作有一种"骑驴找马"的心态，时刻想着"不行我就找下家"。这是一种很不好的心态，一旦工作中出现这种心态，你与自己目前这份工作的职责就渐行渐远了。不管什么样的工作，都是当初你认真准备和面试得到的，如果把这一切推翻重来，又要耗费人力财力。所以，勿忘初心，认真对待目前的这份工作，不要轻易放弃。

7. 要有沉稳做事的心态，不要议论他人的是非

每个职场都有自己的小圈子，难免会有流言蜚语。作为职场新人，不要想着混圈子走捷径，踏踏实实做好自己分内的事才是真理。尤其是不要和同事议论他人的是非，一来你刚入职场，对别人并不了解；二来话说得多了，也会给别人留下不好的印象。所以，要有一个多做事少说话的心态，把事情做好、做漂亮，比什么都强。

8. 要有一个提高自己情商的心态

作为职场新人，有时候高情商比高智商更重要。大家不要把情商高妖魔化了，以为情商高就是阿谀奉承、就是拍马屁，这样想是不对的。情商高其实是个褒义词。所以，在职场中，我们除了认真做事、真诚待人，还要不断地提高我们的情商。

二、独特的职场能力

身在职场，还需要具备独特的能力。但凡成功的职场人士，他们身上都会具备一些能力，能助他们驰骋职场。

1. 换位思考的能力

换位思考就是设身处地，将自己放在对方的位置上，用对方的视角看待问题。不管是在职场沟通中，还是在为客户服务的过程中，都需要具备换位思考的能力。站在他人的位置上，立在他人的处境中感同身受，客观地看待问题并进行理解。换位思考往往能让你有新的视角，也能与人更好地沟通！

2. 工作总结的能力

会总结工作的人，能够将对事物的理解提高到一个新的层面上，具有深层的理性认识和转化知识的能力。在职场中，通过总结，能够在工作经验中发现一些规律性的东西，从而达到举一反三的效果，提高工作效率，所以要学会总结自己的工作。

3. 文字撰写的能力

如何写东西、怎么写东西、怎么写出好的东西，在现在职场中是很重要的。往往一篇好的文案，能够带来巨大的效应，特别是在互联网的时代，一个好的编辑能够给公司带来的利益往往是很可观的。

4. 数据挖掘的能力

在信息化的时代，能够收集信息、挖掘数据是一项必须具备的能力。有这样的能力才能够了解竞争对手的信息，解决工作中遇到的问题；还能获取最精确的资讯，可以甄别信息的优劣真假，将精髓为自己所用，提高工作效率和质量。

5. 处理问题的能力

工作久了，往往容易被固定思维束缚，标准化的流程会阻碍我们发展处理问题的能力。时间久了，处理问题就只会按照流程处理，遇到特殊情况就不知道如何是好。所以要有灵活处理问题的能力，这样才能在突发情况下正确地解决问题。

6. 自我鼓励的能力

职场中难免会有失败和挫折，要学会自我安慰和解脱，能够总结经验教训，避免再次的失败。要鼓励自己，相信没有绝对的失败和错误，要在失败中找到成功的方向。

7. 岗位承受的能力

竞争加剧，经营风险加大，企业往往会对一个人的岗位内容进行调整，这就需要员工能够承受这样的岗位变化；要知道岗位的变化是对自己的一种挑战，能够提升个人的生存能力，促进个人的发展。

8. 不断学习的能力

时代在变，知识量越来越丰盈，要有不断学习的能力，在学习中找到正确的工作方法，提升自身的职业技能，让自己不断创新变化，才能够立身于职场。

三、良好的精神品格

对待工作的态度，在很大程度上决定着我们是否能顺利地完成各项工作。正确的工作观，有如人生路上的明灯，不但会为你指引正确的方向，也会为个人的职业生涯创造丰富的资源。以下列举了十二种动物精神品格的比喻，在它们身上可以看到不同的工作观。

1. 敬业的导盲犬

进入职场，学习建立负责的观念，会让主管、同事觉得孺子可教。抱着多做一点多学一点的心态，你很快就会进入角色。

敬业具有鲜明的自觉特色，集中表现在人们在职业活动中展现出来的品行、人格和内心世界。爱岗敬业的人，会在内心深处形成对自己职业的高标准要求，一旦有所失误，就会内疚和自责。它会在从业过程中持续地激励人尽职尽责，从而保证本职工作的圆满完成。具有敬业精神，无论从事什么职业，都会表现出为事业尽其所能、无私忘我的积极性。

💡 经典小故事

　　大连有一名公交车司机在行车途中突发心脏病，在生命的最后一分钟，他做了三件事：第一，把车缓缓地停在马路边，并用生命最后的力气拉下了手动刹车闸；第二，把车门打开，让乘客安全地下了车；第三，将发动机熄火，确保了车、乘客和行人的安全。他做完了这三件事后，便安详地趴在方向盘上停止了呼吸。这名司机叫黄志全，因为他在工作中的尽职尽责，所有的大连人都记住了他的名字。工作就意味着责任，工作需要我们去尽职尽责地完成！

　　社会学家戴维斯说："放弃了自己对工作的责任，就意味着放弃了自身在这个社会中更好的生存机会。"无论你所做的是什么样的工作，只要你能够尽职尽责地把它做好，你所做的事情就是有意义的，你就会获得尊重和敬意。工作中，如果我们每个人都充满责任感，尽职尽责地对待工作，设法解决出现的问题，那么就能够排除万难，甚至可以把"不可能完成"的任务完成得相当出色。但是，如果一个人一旦失去责任感，不能够尽职尽责地对待自己的工作，那么，即使是自己最擅长的工作，也会做得一塌糊涂。

2. 团结合作的蚂蚁

　　初入企业，往往不知道如何利用团队的力量完成工作。现在的企业很看重团队精神（team work），这不仅包括利用团队力量寻求资源，也包括主动帮助别人，以团队为荣。

　　团队精神就是要有大局意识、协作意识和服务意识，并且在实践过程中予以体现。当多个人组成真正的团队后，团队就会对个人的行为产生影响，使个体表现出不同于个体单独工作时的行为反应，产生"总体超越部分之和"的效果。现在社会越来越重视团队精神，在单位的招聘启事中绝大多数都要求应聘者具有团队精神。

💡 经典小故事

　　牧师请教上帝：地狱和天堂有什么不同？
　　上帝带着牧师来到一间房子里。一群人围着一锅肉汤，他们手里都拿着一把长长的汤勺，因为手柄太长，谁也无法把肉汤送到自己嘴里。每个人的脸上都充满绝望和悲苦。上帝说，这里就是地狱。上帝又带着牧师来到另一间房子里。这里的摆设与刚才那间没有什么两样，唯一不同的是，这里的人们都把汤舀给坐在对面的人喝。他们都吃得很香、很满足。上帝说，这里就是天堂。同样的待遇和条件，为什么地狱里的人痛苦，而天堂里的人快乐？原因很简单：地狱里的人只想着喂自己，而天堂里的人却想着喂别人。

3. 坚忍执着的鲑鱼

　　初入职场的学生，由于对自己的人生还不确定，不知自己将来要做什么。设定目标是首先要做的功课，然后就是坚忍执着地前行。途中当然应该停下来检视一下成果，但三心二意的人，多半一事无成。

经典小故事

很久很久以前，龙门还未凿开，伊水流到这里被龙门山挡住了，就在山南积聚了一个大湖。

居住在黄河里的鲤鱼听说龙门风光好，都想去观光。它们从河南孟津的黄河出发，通过洛河，又顺伊河，来到龙门水溅口的地方，但龙门山上无水路，上不去，它们只好聚在龙门的北山脚下。"我有个主意，咱们跳过这龙门山怎样？"一条大红鲤鱼对大家说。"那么高，怎么跳啊？""跳不好会摔死的！"伙伴们七嘴八舌拿不定主意。大红鲤鱼便自告奋勇地说："我先跳，试一试。"只见它从半里外就使出全身力量，像离弦的箭，纵身一跃，一下子跳到半空中，带动着空中的云和雨往前走。一团天火从身后追来，烧掉了它的尾巴。它忍着疼痛，继续朝前飞跃，终于越过龙门山，落到山南的湖水中，一眨眼就变成了一条巨龙。

山北的鲤鱼们见此情景，一个个被吓得缩在一块，不敢再去冒这个险了。这时，忽见天上降下一条巨龙说："不要怕，我就是你们的伙伴大红鲤鱼，因为我跳过了龙门，就变成了龙，你们也要勇敢地跳呀！"鲤鱼们听了这些话，受到鼓舞，开始一个个挨着跳龙门山。可是除了个别的跳过去化为龙以外，大多数都过不去。凡是跳不过去、从空中摔下来的，额头上就落下一个黑疤。直到今天，这个黑疤还长在黄河鲤鱼的额头上呢。

4. 目标远大的鸿雁

太多年轻人因为贪图一时的轻松，而放弃未来可能创造前景的挑战，需要时时鼓励自己将目标放远。

经典小故事

山田本一是日本著名的马拉松运动员。他曾在1984年和1987年的国际马拉松比赛中，两次夺得世界冠军。记者问他凭什么取得如此惊人的成绩，山田本一总是回答："凭智慧战胜对手！"

马拉松比赛主要是运动员体力和耐力的较量，爆发力、速度和技巧都还在其次。因此对山田本一的回答，许多人觉得他是在故弄玄虚。

10年之后，这个谜底被揭开了。山田本一在自传中这样写道："每次比赛之前，我都要乘车把比赛的路线仔细地看一遍，并把沿途比较醒目的标志画下来，比如第一标志是银行、第二标志是一个古怪的大树、第三标志是一座高楼……这样一直画到赛程结束。比赛开始后，我就以百米的速度奋力地向第一个目标冲去，到达第一个目标后，我又以同样的速度向第二个目标冲去。40多公里的赛程，被我分解成几个小目标，跑起来就轻松多了。开始我把我的目标定在终点线的旗帜上，结果当我跑了十几公里的时候就疲惫不堪了，因为我被前面那段遥远的路吓到了。"

目标是需要分解的，一个人制定目标的时候，要有最终目标，比如成为世界冠军，更要有明确的绩效目标，比如在某个时间内成绩提高多少。最终目标是宏大的、引领方向的目标，而绩效目标就是一个具体的、有明确衡量标准的目标。比如在四个月的时间内把跑步成绩提高1秒，这就是绩效目标，绩效目标可以进一步分解，比如在第一个月内提高0.03秒。

当目标被清晰地分解了，目标的激励作用就显现了。当我们实现了一个目标的时候，我们就及时得到了一个正面激励，这对于培养我们挑战目标的信心作用巨大！

名言欣赏

❖ 有了长远的目标，才不会因为暂时的挫折而沮丧。

——查尔斯·C. 诺布尔

❖ 赢得好射手美名并非由于他的弓箭，而是由于他的目标。

——莉莱

❖ 要达成伟大的成就，最重要的秘诀在于确定你的目标，然后开始干，采取行动，朝着目标前进。

——博恩·崔西

❖ 我们命定的目标和道路，不是享乐，也不是受苦；而是行动，每个明天，都要比今天前进一步。

——朗费罗

❖ 对于一只盲目航行的船来说，所有方向的风都是逆风。

——哈伯特

❖ 在一个崇高的目标支持下，不停地工作，即使慢，也一定会获得成功。

——爱因斯坦

5. 目光锐利的老鹰

人首先要能明辨是非，能察言观色，能审时度势，看清形势，透过现象看本质。察言观色，就是指通过别人的言行来揣摩别人的心意；审时度势，就是观察分析时势，估计情况的变化。这就是利用人的主观能动性分析和利用条件，达到使活动最佳的效果。

6. 脚踏实地的大象

大象走得很慢，却是一步一个脚印，积累雄厚的实力。人切忌说得天花乱坠，却无法一一落实。脚踏实地的人会让别人有安全感，也愿意赋予你更多的责任。

经典小故事

列昂纳多·达·芬奇画出的鸡蛋不是一次次胡乱的涂鸦，在他很失败时，依然能脚踏实地、认认真真地练习，耐得住寂寞，时时审视自己的不足，苦练基本功，最后才成为赫赫有名的画家。

7. 忍辱负重的骆驼

工作压力、人际关系，往往是人无法承受之重。人生的路很漫长，学习骆驼负重的精神，才能安全地抵达终点。

经典小故事

春秋战国时期，越王勾践被吴王夫差降伏，勾践佯装称臣，为吴王夫差养马。吴王患病，勾践亲口为其尝粪，获得信任，被放回国。回国后的勾践体恤百姓，减免税赋，并和百姓同吃同住。他还在头顶挂上苦胆，经常尝苦胆之苦，忆在吴国所受的侮辱，以警示自己不要忘记过去。经过十多年的艰苦磨炼，勾践终于一举灭吴，杀死夫差，实现了复国雪耻的抱负。

8. 严格守时的公鸡

很多人没有时间观念，上班迟到、无法如期交件等等，都是没有时间观念导致的后果。时间就是成本，养成时间成本的观念，有助于提升工作效率。

守时是一种素质，是现代人所必备的素质之一。守时就是遵守承诺，按时到达要去的地方，没有例外，没有借口，任何时候都要做到。即便你因为特殊原因不得不失约，也应该提前打电话通知对方，向对方表示歉意。这不是一件小事，它代表了你的素质和做人的态度。

9. 感恩图报的山羊

你可以像海绵一样吸取别人的经验，但是职场不是补习班，没有人有义务教导你如何完成工作。学习山羊跪乳的精神，有感恩图报的心，工作会更愉快。

最好的感恩应当是尽心尽责地做好本职工作。用感恩的心对待工作，就会对自己所从事的工作忠心耿耿、认真负责，就会每天激情飞扬、热情洋溢；用感恩的心对待工作，就不会为名利所诱惑，任何时候都会以身作则、严于律己、任劳任怨。

10. 勇敢挑战的狮子

勇于承接新任务，是对自己最好的磨炼。若有机会，应该勇敢挑战不可能的任务，借此积累别人得不到的经验，下一个升职的可能就是你。

职场，不会永远风平浪静，也不可能永远一帆风顺，有勇于尝试的精神，还是有必要的。多一点"勇于"的精神，也许会让你在职场有更多意外的惊喜和收获。

11. 机智应变的猴子

工作中的流程有些往往是一成不变的，人的优势不仅在于了解既有的做法，而且在于能创造出新的创意与点子。一味地接受工作的交付，只能学到工作方法的皮毛，能思考应变的人，才能学到方法的精髓。

测测你的应变能力如何：

（1）你非常忙碌之时，有人来找你，你会（　　　）

A. 表现得很讨厌。　　　　　B. 如常地打招呼。　　　　　C. 告诉他你很忙。

（2）你在家请客，食物已准备好了，但客人还未来。你会想（　　　）

A. 多等一会儿。　　　　　B. 他是否发生什么事？　　　　　C. 他也许不来。

（3）星期日约了朋友喝茶，但朋友临时打电话说不能来了。你会感到（　　　）

A. 早知不约他，浪费了我宝贵的一天。　　　　　B. 自己找节目。

C. 真倒霉！

（4）你的工作很顺利地进行，但忽然因事延误了。你会（　　　）

A. 停顿下来不再继续。　　　　　B. 想个办法。　　　　　C. 觉得困难重重。

（5）你不喜欢一个人，但又必须跟他共同工作。你会认为（　　　）

A. 他要依靠你。　　　　　B. 尽量友善地对他。　　　　　C. 他会在背后说你坏话。

（6）当别人对你怀有敌意时，你的反应是（　　　）

A. 不理会。　　　　　B. 控制自己。

C. 如常对待，希望改变对方看法。

答案是 B 的得 1 分，A 与 C 是零分。

解析：得 5～6 分者，你很懂得处理各种困难，有应变能力。

得 3～4 分者，你的克制能力还不错，但仍有改进之处。

得 1～3 分者，你经常感到挫折。

12. 善解人意的海豚

在工作中，要多换位思考，常常问自己，如果我是××该怎么办？这有助于学习处理事情的方法。在工作上善解人意，会减轻共事者的负担，也让你更具人缘。

培养善解人意的四个步骤：

① 真心实意地对其他人感兴趣；

② 保持谦虚；

③ 培养自我认知和情绪控制的能力；

④ 全心投入地倾听。

古人云，授之以鱼，只供一饭之需，授之以渔，则终身受用无穷。学会学习，正是授之以渔。一个人有了学习能力，他就可以主动学习，独立思考。也就可以根据自己的需要继续提高自己的专业水平，去自由探索，去发明创造，会用长远的眼光来看事物。历史经验证明，学习事关一个人的发展进步，影响一个国家的前途，决定一个民族的命运。面对不断发展变化的国内外形势，面对知识日新月异的当今时代，面对所担负的工作任务和使命，我们只有高度重视和切实加强学习，不断提高能力水平，才能跟上时代前进的步伐，圆满完成各项任务，促进事业和人生的不断发展，获得成功。

第三章
团队精神

解密蚂蚁谜团

英国科学家把点燃的蚊香放入一个蚁穴。一开始蚂蚁惊恐万分乱作一团，约20秒后，许多蚂蚁迎难而上向火冲去，并喷射出蚁酸。他们前仆后继，不到一分钟终于将火扑灭。此中一些"勇士"葬身火海。一个月后，这位科学家又把一支点燃的蜡烛放到同一个蚁穴进行观察。尽管这次火势更大，但蚁群却因为有了上次的经验而临危不乱，头领迅速调兵遣将，蚁群有条不紊，协同作战，不到一分钟烛火被扑灭，蚂蚁无一死亡。蚂蚁面临灭顶之灾的非凡表现，令人震惊。

自然界中，野火烧起之时，蚂蚁为了生存抱成一团，在火海中迅速滚动，犹如一个大火球。最外层的蚂蚁奋不顾身，虽被烧焦却无一离群，用自己的弱小身躯换来了种族的存活。洪水暴虐之时，蚂蚁抱团成球，随波涛翻滚漂流。蚁球外层的蚂蚁会被波浪打入水中。无论波浪多么汹涌，蚁球始终不会散乱。最终蚁球会靠岸，蚁球一层层地打开，蚂蚁一排排井然有序地冲到岸上，但水里还是会留下一个不小的蚁团，那是溺水而亡的牺牲者，始终紧紧地抱在一起。

思考

蚂蚁的生存之道究竟是什么？

第一节
团队的含义及构成要素

一、团队的含义

团＝口＋才；队＝耳＋人
团队＝口＋才＋耳＋人＝沟通＋知识＋聆听＋基本因素
团队（team），是指为了实现共同认定的目标，两人或者两人以上按照一定的规则组合在一起的共同体。

 二、团队构成的要素（5P）

目标（purpose）：目标是团队合作的意义所在，没有目标，团队就没有存在的价值。作为一个团体，大的目标是团队所有人共同的使命、愿景。没有大的目标，团队就失去了共同协作奋斗的导航灯。同时，组织内部可以划分为若干小团队，组织的大目标分解成小目标，由各个小团队来承担。小团队目标还可以具体分解为各个团队成员的个人发展目标。各个小团队的目标和个体发展目标必须跟组织的目标一致，大家才能通力合作，荣辱与共，主动、高效地实现共同的目标。

人员（people）：人是构成团队最核心的力量。两个（包含两个）以上的人就可以构成团队。目标是通过具体人员实现的，所以选择人员是团队中非常重要的一个部分。目标的制定，计划的实施，具体的分工操作，都通过人完成，不同的人通过分工来共同完成团队的目标，所以在人员选择方面要考虑团队的要求如何、人员的能力如何、技能是否互补、人员的经验如何、性格搭配是否和谐等。俗话说："兵熊熊一个，将熊熊一窝"。组建团队时，选择团队领导是重中之重。大家看过《亮剑》当中的李云龙，硬是把一支杂牌军打造成能征善战的精锐之师。也有纸上谈兵的赵括，长平之战葬送军队 40 万人，使赵国一蹶不振，直到灭亡。

定位（place）：团队的定位包含两层意思。一是团队的定位，团队在组织中处于什么位置，由谁选择和决定团队的成员，团队最终应对谁负责，团队采取什么方式激励下属等。二是个体的定位，作为成员在团队中扮演什么角色，是制订计划还是具体实施或评估等。

职权（power）：团队中领导人权力的大小跟团队的发展阶段相关，一般来说，在团队发展的初期阶段领导权相对比较集中，团队越成熟领导者所拥有的权力相应越小。在确定团队权限时，要考虑组织规模、团队数量、业务类型，以决定授予何种权限及多大权限等。

计划（plan）：没有一个具体可行的规划，目标的实现也只能是纸上谈兵，科学的计划方案是团队目标得以实现的重要保障。

 三、团队发展阶段

团队发展通常经历成立期、动荡期、稳定期、高效期和调整期五个阶段，如图 3-1 所示。

1. 成立期

组建新的团队时，队员们会对领导和团队抱有高期望，充满热情和信心，想大展身手，内心既兴奋又紧张，有许多纷乱的不安感、焦虑和困惑。作为团队组建者，需要及时向成员提供明确的方向和目标（展现信心），帮助成员彼此认识以及熟悉环境，协助新人融入团队，为目标的实施做好充分的思想准备。团队组建者还需提供团队所需的资讯，明确任务，细致分工，做好具体的计划安排和实施条件的准备。

2. 动荡期

目标在实施的过程中，难免会碰壁。期望与现实脱节，隐藏的问题逐渐暴露；团队成员有挫折感和焦虑感，人际关系紧张；对领导权不满；生产力遭到持续打击。此时最重要的就

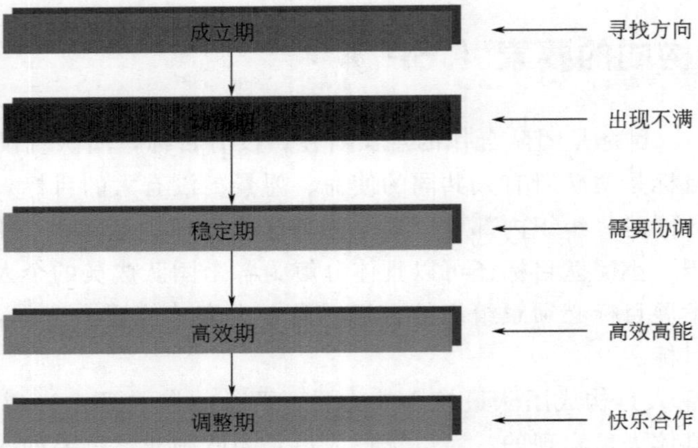

图 3-1　团队发展的不同阶段

是人心的安抚和鼓励。团队领导者应该建立工作规范，以身作则；同时调整领导角色，鼓励成员参与决策。

3. 稳定期

人际关系由敌对走向合作，成员之间沟通大门打开，信任度大大提升，团队发展形成有效合作的规则；工作技能提升，工作规范日益形成，逐渐形成团队文化。

4. 高效期

团队信心大增，具备多种技巧，协力解决各种问题；用标准流程和方式进行沟通、化解冲突、分配资源；团队成员自由而建设性地分享观点与信息；分享领导权；有完成任务的使命感和荣誉感。随时更新工作方式与流程；团队领导更像成员而非领袖；通过承诺而非管制追求更佳结果；给团队成员具有挑战性的目标；监控工作的进展，承认个人的贡献，庆祝成就。

5. 调整期

对经过以上各个阶段的努力仍未建成高效行为模式的团队，对差强人意的团队进行调整，努力消除一些低效率团队的特征和表现。

四、如何打造高效团队

高效团队的基本特征如下：

① 有明确的共同愿景。一个团队如果没有共同的愿景就失去了团队凝聚力，犹如一盘散沙，各自为营。

② 团队成员对愿景的认同度。高度的认同感，才能让团队具有共同奋斗的目标。

③ 高效的沟通和良好的合作。

④ 高效的领导。能够以身作则，身先士卒，凡事以团队利益为重，具有较强的协调与激励他人的能力，懂得有效授权。

⑤ 高素质的员工。具有积极的工作态度，不同的专业知识、技能和经验。

高效团队特征的图例如图 3-2 所示。

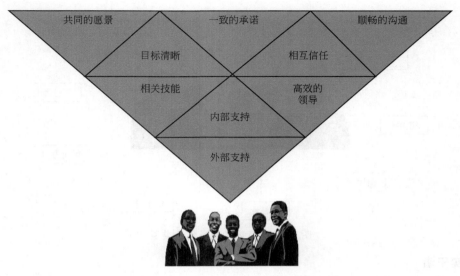

图 3-2　高效团队的特征图例

思考

《西游记》中性格迥异的师徒四人，是如何完成团队建设的（图 3-3）？

图 3-3　《西游记》中的师徒四人

第二节
团队成员与角色管理

 一、团队内的成员角色

团队内的成员角色可大致分为九类，如图 3-4 所示。

图 3-4　团队内的成员角色类型

1. 实干者

角色描述：典型的现实主义者，传统甚至保守，他们崇尚实干，计划性强，喜欢用系统的方法解决问题；具有很好的自控力和纪律性，对公司的忠诚度高，为公司整体利益着想而较少考虑个人利益。

典型特征：保守、有责任感、效率高、守纪律。

作用：由于其可靠性、高效率及处理具体工作的能力，在企业中作用巨大；实干者不是根据个人兴趣而是根据组织需要来完成工作；好的实干者会因为出色的组织技能和完成重要任务的能力而胜任高层职位。

优点：有组织能力、务实，能把想法转化为实际行动，工作努力、自律。

缺点：缺乏灵活性，对未被证实的想法不感兴趣；创新性差。

2. 协调者

角色描述：协调者能够引导一群不同技能和个性的人向着共同的目标努力。他们代表成熟、自信和信任，办事客观，不带个人偏见；除权威之外，更有一种个性的感召力，在人际交往中能很快发现每个人的优势，并在实现目标的过程中妥善运用，协调者因其开阔的视野而广受尊敬。

典型特征：冷静、自信、有控制力。

作用：擅长领导一个具有各种技能和个性特征的群体，其管理下属的能力稍逊于同级间的协调能力，善于协调各种错综复杂的关系，有控制地协商，喜欢平心静气地解决问题。

优点：目标性强，待人公平。

缺点：智力和创造力中等；将团队努力的成果归于自己。

3. 推进者

角色描述：说干就干，办事效率高，他们自发性强，目的明确，有高度的工作热情和成就感；遇到困难时，他们总能找到解决办法。推进者大都性格外向且干劲十足，喜欢挑战别人，好争辩，而且一心想取胜，缺乏人际间的相互理解，是一个具有竞争性的角色。意志坚定、过分自信的推进者对于任何失望或失败都反应强烈。

典型特征：挑战性、好交际、富有激情。

作用：是行动的发起者，在团队中活力四射，尤其在压力下工作精力旺盛。推进者一般都是高效的管理者，他们敢于面对困难，并义无反顾地加快速度；敢于独自做决定而不介意别人的反对。推进者是确保团队快速行动的最有效成员。

优点：随时愿意挑战传统、厌恶低效率，反对自满和欺骗行为。

缺点：喜欢挑衅、易怒，做事不耐心；不会用幽默或道歉的方式来缓和局势。

4. 创新者

角色描述：创新者拥有较高的创造力，思路开阔，观念新，富有想象力，是"点子型的人才"；他们爱出主意，是否高明则另当别论，创新者不受条条框框约束，不拘小节，难守规则。他们大多性格内向，以奇异的方式工作，与人打交道是他们的弱项。

典型特征：有创造力，个人主义，非正统。

作用：提出新想法和开拓新思路。通常在一个项目刚刚起动或陷入困境时，创新者显得非常重要。创新者通常会成为一个公司的创始人或一个新产品的发明者。

优点：有天分，富于想象力，智慧，博学。

缺点：好高骛远，无视工作细节和计划；本可以通过与别人合作得到更好的结果时，却过分强调自己的观点。

5. 信息者

角色描述：信息者经常表现出高度热情，是一个反应敏捷、性格外向的人；他们的强项是与人交往。信息者是天生的交流家，喜欢聚会与交友，在交往中获取信息并加深友谊；信息者对外界环境十分敏感，最早感受到变化。

典型特征：外向、热情、好奇、善于交际。

作用：调查团队外的意见、进展和资源并进行汇报，适合做外联和持续性的谈判工作，具备从自身角度出发获取信息的能力。

优点：有与人交往和发现新事物的能力，善于迎接挑战。

缺点：当最初的兴奋消逝后，容易对工作失去兴趣。

6. 监督者

角色描述：监督者是严肃、谨慎、理智、冷血气质的人，天生就不会过分热情，也不易情绪化。在外人看来监督者都是冷冰冰的、乏味的甚至是苛刻的，他们与群体保持一定的距离，在团队中最不受欢迎。监督者有很强的批判能力，做决定时思前想后，综合考虑各方面因素谨慎决策，好的监督者几乎从不出错。

典型特征：冷静、不易激动、谨慎、精确判断。

作用：监督者善于分析和评价，善于权衡利弊来选择方案，许多监督者处于企业的战略性位置，他们往往在组织的几个关键性决策方面谨慎决策，从不出错，最终获得成功。

优点：冷静，判断、辨别能力强。

缺点：缺少鼓舞他人的能力和热情；毫无逻辑地挖苦、讽刺别人。

7. 凝聚者

角色描述：凝聚者是团队中最积极的成员。他们温文尔雅，善于与人打交道，善解人意，关心他人，处事灵活；很容易把自己同化到群体中，去适应环境。凝聚者是群体中最听话的人，对任何人都没有威胁，因而也最受欢迎。

典型特征：合作性强，性情温和，敏感。

作用：凝聚者善于调和各种人际关系，在冲突环境中其社交和理解能力会成为资本；凝聚者信奉"和为贵"，有他们在的时候，人们能协作得更好，团队士气更高。

优点：随机应变，善于化解各种矛盾，促进团队精神。

缺点：在危机时刻优柔寡断；不愿承担压力。

8. 完美者

角色描述：具有持之以恒的毅力，做事注重细节，力求完美；完美者性格内向，工作动力源于内心的渴望，几乎不需要外界的刺激；他们不太可能去做那些没有把握的事情；喜欢事必躬亲，不愿授权；他们无法忍受那些做事随随便便的人。

典型特征：埋头苦干、守秩序、尽职尽责、易焦虑。

作用：对于那些重要且要求高度准确性的任务，完美者起着不可估量的作用；他们力求在团队中培养一种紧迫感，非常善于按照时间表来完成任务；在管理方面崇尚高标准、注重准确性、关注细节、坚持不懈，因而比别人更胜一筹。

优点：坚持不懈，精益求精。

缺点：容易为小事而焦虑，不愿放手，甚至吹毛求疵。

9. 技术专家

角色描述：专家是具有奉献精神的人，因拥有专业知识和技能而自豪，他们致力于维护专业标准，当他们陶醉在自己的专题时，一般对别人的主题缺乏兴趣，最终技术专家变成了一个狭窄领域的绝对权威。

典型特征：诚心诚意、主动性强、甘于奉献。

作用：不可或缺的团队角色，他们为组织的产品和服务提供专业的支持；作为管理者，由于他们在专业领域知道得比任何人都多，因此他们要求别人的服从和支持，通常他们会根据其深入的知识经验做决策。

优点：具有奉献精神，拥有丰富的专业技能，致力于维护专业标准。

缺点：只局限于狭窄的领域，专注于技术而忽略大局；忽视能力之外的因素。

以上九种角色的典型特征、积极特性和相对弱点见表 3-1。

表 3-1　九种角色的典型特征、积极特性和相对弱点

类 型	典型特征	积极特性	相对弱点
实干者	保守、有责任感、效率高、守纪律	有组织能力、实践经验、工作勤奋、有自我约束能力	缺乏灵活、对没有把握的事情不感兴趣
协调者	沉着、自信、有控制力	不急躁、客观、对各种意见能兼容并蓄	智能和创造力不强
推进者	挑战性、好交际、富有激情	有干劲、随时准备向传统、低效率、自我满足挑战	好激起事端、爱冲突、易急躁
创新者	有创造力、个人主义、非正统	才华横溢、智慧、富有想象力	高高在上、不重细节、不拘礼仪
信息者	外向、热情、好奇、善于交际	广泛联系人的能力、善于接受新事物、勇于迎接新的挑战	注意力不够集中、兴趣转移快
监督者	清醒、理智、谨慎	判断力强、分辨力强、讲求实际	缺乏鼓动力和激发他人的能力
凝聚者	温和、敏感、团结性强	能促进团队合作、有适应周围环境及人的能力	危急时刻优柔寡断
完美者	勤奋有序、认真、易焦虑	持之以恒、追求完美	常拘泥于细节、过分要求完善度
技术专家	诚心诚意、主动性强、甘于奉献	具有奉献精神，拥有丰富的专业技能，致力于维护专业标准	局限于狭窄的领域，专注于技术而忽略大局

好的团队是每种角色都能各司其职，同时又能团结协作。当团队中缺少不同的角色时，对团队的影响不同，具体如表 3-2 所示。

表 3-2　缺少不同的角色对团队的影响

团队缺乏	导致后果	团队缺乏	导致后果
实干者	会乱	完美者	做事马虎
协调者	领导力弱	推进者	效率不高
信息者	封闭	创新者	思维会受局限
监督者	大起大落	技术专家	产品和服务缺少支持
凝聚者	人际关系紧张		

 二、角色管理

人人能不断进步，无人能达到完美，但团队可以通过不同角色的组合达至完美。团队中的每个角色都是优点、缺点相伴相生，要相互协作、用人之长、容人之短。尊重角色差异，才能发挥个性特征。角色并无好坏之分，关键是要找到与角色特征相契合的工作。

团队的构成实际上是一个平衡的问题。团队需要的不是一个个平衡的个体，而是在组合起来以后能够得到平衡的群体。团队中的每个人都是既能够满足特定需要而又不与其他角色重复的人。这样，优点才能充分释放，人类的弱点也就能被克服。

第三节
团队精神

一、团队精神的含义

团队精神是大局意识、协作精神和服务精神的集中体现，其核心是协同合作。团队精神既是个体利益和集体利益的统一，又是组织高效率运转的重要保证。团队精神是组织文化的重要组成部分，良好的团队精神既能铸就不败的职业人生，又能促进组织的发展壮大。

1. 团队精神的基础——挥洒个性

团队精神形成的基础是个人兴趣和能力。岗位的设置和安排要因人而异，人尽其才地去发挥个体的特长，只有如此，个体才能在团队中充分发挥自己的热情和积极性，才能施展自己的能力。一个高效协作的团队要挖掘每个个体的潜能，最大限度地创造个体发展的条件，这样才能形成优质高效的团队氛围。

2. 团队精神的核心——协同合作

研究表明，两个人以团队的方式进行协作，优势互补，产生的工作绩效明显优于两个人单干的业绩总和。团队精神强调的不仅仅是一般意义上的合作，它要求充分发挥团队的优势，成员间进行有效沟通，利用个性和能力的差异，实现优势互补，产生协同效应。

3. 团队精神的最高境界——团结一致

一个团队的协作最初需要外力的约束规范，就如同唐僧的"紧箍咒"，而真正的协作精神是每个成员发自内心的向心力和凝聚力，这种基于共同价值观的内在驱动力，标志着一个松散的个体集合走向真正意义上的团队，否则，只能称之为团伙。

4. 团队精神的外在形式——奉献精神

团队目标的实现，需要每个成员具有强烈的责任感。因为个体的差异性导致职位分工不同，这就要求每个成员放下心里的包袱和不满，在自己的岗位上尽职尽责，主动为了整体利益而甘当配角，自愿为团队的利益放弃个体私利。

二、团队精神的养成

1. 团队目标要明确

目标是把成员凝聚在一起的力量，是鼓励大家为之奋斗的动力，也是督促成员的标尺。团队的目标要切合实际，要具体并且可操作，而非假大空的口号。

2. 管理制度要健全

健全完善的规章制度是团队高效运行的重要保障，没有规矩不成方圆，健全团队的管理制度，才能为团队的发展提供一个权益公平、公正且稳定运行的工作环境。只有在有章可循，有规可依的环境里，成员的权益才能得到保证，积极性才能被调动起来，才能没有后顾之忧地为共同目标全力以赴。

3. 沟通渠道要顺畅

有效的沟通能够及时化解团队内部产生的各种误解和矛盾，作为团队的领导者不能高高在上，要善于体察民意，倾听成员的意见，对于团队内的问题能够拿出有效的解决方案。作为团队的成员，对于工作上出现的分歧，要敢于发表自己的意见，信息共享共商，寻求最佳方案。如果内部成员间出现矛盾要主动地进行沟通交流，化解误会，使整个团队形成良好团结的氛围。

4. 个体发展要被尊重

一是对个体工作的肯定和鼓励，只有充分尊重个体的劳动，才能调动个人的工作积极性。完善职位晋升渠道和薪资待遇提升渠道，差异化对待能力突出者。二是关心成员的工作和生活，为成员提供一个温馨的团队家庭，将会极大地激发成员献身事业的决心。

5. 全局观念要深入

团结就是力量，而且这种力量远比个体单打独斗的力量强大得多。引导团队成员将个体利益和局部利益融入团体发展中，和团队荣辱与共，成员之间真正做到不计回报、不计个人得失的通力协作，充分发挥团队精神才能使工作做得更加出色。

第四节
团队合作

课堂引入：三个和尚没水吃，怎么办？

一、团队合作的困境

团队认知："团队绩效并不一定大于个人的绩效。"

常见的两种团队困境：

1. 团队成员的"搭便车"行为

应对"搭便车"的行为：

（1）贡献区分　努力把每个成员对团队的贡献区分化，团队模式类似于接力赛。

（2）沟通

① 让大家建立信任，增强团队的凝聚力；

② 对目标有共识，不把个人的利益凌驾于团队利益之上；

③ 团队讨论，了解团队合作的好处，认识每个人在合作中的重要性；

④ 创造良好的团队合作氛围和行为规范；

⑤ 团队其他成员的评价。

2. 团队中的"明星员工"

优秀员工是团队中的精英，精英一定更要服从大局。团队必须将人才纳入制度的牢笼，否则"明星＋明星＝普通"，这样的例子并不鲜见。如上世纪乔丹时代的顶级球星团队就曾输给了实力远不如他们的球队。

二、合作产生 1+1＞2 的效果

1. 团队合作的优势

① 在具有团队精神的团队里，团队成员潜在的才能和技巧能够不断地被解放；

② 团队成员能够深感被尊重和重视；

③ 为了一个统一的目标，大家能够自觉地承担必须担负的责任并愿意为此而共同奉献；

④ 团队强调个人利益服从整体利益，但并非不承认个人利益，更不是要抹杀个人利益；

⑤ 团队合作特别强调团队成员要具有与人沟通、交流和合作的能力。

2. 团队的根本功能

① 团队的作用在于提高团队整体的表现；

② 发扬团队精神的目的在于提高团队的工作业绩，使团队的工作业绩超过成员个人的业绩，使团队业绩由各部分组成又大于各部分之和；

③ 每一个成员都必须有很好的协作精神，要充分发挥团队成员之间的优势互补作用，让全体团队成员尽可能地发挥各自的才能。

三、合作是团队力量的源泉

1. 个人的优秀并不意味着团队的优秀

团队：重视的是整体效应，即"一花独放不是春，百花齐放春满园"。

个人：个人的表现再突出，如果忽略了团队的整体合作，或者根本就不能或不屑与团队合作，从长远角度来看，这类人是不会为团队带来永久效益的。

2. 个人利益是和他人捆绑在一起的

一滴水很快就会干枯，它只有投入大海的怀抱，才能永久地存在。只有团队成长了，个人才可能有发展的空间。当大河里没有水了，小溪是不可能会有水的。因此，美国著名管理大师彼得·圣吉说："不管你个人多么强大，你的成就多么辉煌，只有保持你与他人之间的合作关系，这一切才会有现实意义。"

3. 合作就是力量

一般地，赛车的勤务人员有 22 个人。在这其中，有 3 个是负责加油的，其余的都是负责换胎的，有的人拧螺丝，有的人压千斤顶，有的人抬轮胎……这是一个最能体现协作精神的工作，加油和换胎的总过程通常都在 6～12 秒之间。在日常情况下，再熟练的维修工人也是无法达到这个速度的。因此，这不仅是分工的原因，更是多人合作的结果。

四、信任是团队的基础

1. 信任五维度

信任五维度即正直、能力、一贯、忠实、开放。其中正直和能力水平是一个人判断另一个人是否值得信赖的最关键的依据。

高效团队的特点：团队成员之间相互高度信任，团队成员彼此相信各自的正直、个性特点、工作能力。

2. 激发 "E" 元素

除了赢得他人的信任及信任他人外，营造轻松协调的团队氛围，激发 "E" 元素也是团队合作的重要方面。

"E" 元素是指那些能激发精力（energy）、兴奋（excitement）、热情（enthusiasm）、努力（effort）、活力（effervescence）的东西。为更有效率地完成团队目标，团队成员应努力激发自己及团队其他成员的 "E" 元素，营造一个协调和轻松的工作氛围。一个能激发自己和他人 "E" 元素的成员能在很大程度上赢得他人的喜欢，而这点在团队合作中也是难能可贵的。因为任何一个团队成员的工作都需要得到他人的支持和认可，而不是反对。

五、团队冲突处理

1. 将竞争与冲突区别开来

冲突是员工之间的矛盾，分为公事冲突和私事冲突。竞争可以说是一种良性的、为公事的冲突。有竞争就一定会有冲突，但冲突不能简单地等于竞争。竞争相对而言有许多好处，而冲突大部分有害无益。

2. 团队冲突的特点与影响

冲突的定义：个人或群体在实现目标的过程中，受到挫折时的社会心理现象。

冲突的表现：满足个人或群体因观点、需要、欲望、利益或要求的差距、矛盾、不相容而引起的一种情感上的激烈争斗。

冲突的特点如下：

① 传染性。

② 爆发的突然性。

③ 侵略性。

④ 润滑性。

⑤ 情感宣泄性。

团队冲突的影响：

① 处理起来耗费时间。

② 导致自私自利。

③ 消耗时间和精力。

④ 导致员工对团队进行破坏。

3. 摸清冲突的原因

① 处事策略不同产生冲突。

② 责任归属不清产生冲突。

③ 信息谬传产生冲突。

④ 情绪冲突产生冲突。

4. 处理团队内部的冲突

① 无视冲突。

② 缓冲。

③ 群体沟通。调停者在冲突双方之间周旋使他们放弃无理对抗；协调者参与双方对话和解决方案的制定；仲裁者则完全致力于双方最终达成谅解，释解冲突。

④ 讨价还价。

⑤ 建立超合作目标。

⑥ 改组组织机构。

5. 妥善地防止与消除冲突

（1）防止冲突的方法

① 建立良好的沟通渠道。

② 工作分配明确、确定。

③ 强调团队理念及目标。

④ 让团队成员有参与的机会。

⑤ 增加资源并且平均分配。

（2）消除冲突的方法

① 达成共识。

② 分离冲突双方（最快、最容易解决冲突的方法）。

③ 争论的谈判。

④ 员工调动。

⑤ 利用规则或法则。

团队协作能力是每个人都要修炼的一项重要技能。在生活中我们要学会与人和谐相处，要在集体中获得存在感和价值感。在工作中，我们要学会和其他成员配合、沟通，协作，从而高效地完成团队的目标任务。俗语说："没有完美的个人，却可以塑造完美的团队。"一滴水只有融入大海才不会干涸；一个零件只有安装到机器上，才能发挥它的功效，只有在正常高速运转的机器中，它才能实现自身的价值。作为学生和未来的职业者，要在日常的生活学习中有意识地去培养和塑造团队精神，实现从自我中心到团队中心的换位，从而更为融洽地与他人合作。

第四章
沟通能力

　　美国著名的人际关系专家卡耐基说过："一个人的成功只有 15％ 是依靠专业技术，而 85％ 却要靠人际交往、有效说话等本领。"从这种意义上讲，职场人不仅需要具备较高的智商，更需较高的情商和逆商。其中，沟通能力是走向职场的必备技能，良好的沟通对于任何组织和单位都十分重要。沟通无处不在，实际上，绝大部分误会、事故都源于沟通不畅。

经典案例

误解源于沟通不畅

　　我们在中学英语课上曾学过一篇文章，文章中的主人公 Peter 买了一条裤子，穿上一试，长了一点。他请奶奶帮忙把裤子剪短 2 英寸，奶奶说，今天手头事太多，让他去找妈妈；妈妈说没空，男孩又去找姐姐，姐姐有约会，马上要走。男孩求助无果，失望入睡。奶奶忙完家务，想起孙子的裤子，就把裤子剪短一点；妈妈打牌回来想起这件事，也把裤子剪短一点；姐姐约会回来又把裤子剪短一点。结果可想而知，裤子变成了裤衩。

　　事实真相：故事中的奶奶、妈妈和姐姐缺乏及时沟通和反馈的工作习惯，最终把简单的工作都做砸了。

第一节
沟通能力概述

　　说文解字中，沟者，左边为水，意为需要付出"三水"，口水，汗水，甚至泪水来"沟通"；右边仍然为"勾"，心结犹在，疙瘩未解。如何才能"通"？要把痛中之"病"去掉，如何去？"用刀"！勇也，上刀下刀，意谓态度积极，行为主动。首先自我沟通，做好自我批评：自己有什么问题？然后，走过去主动沟通。山不过来，我就过去，便为"通"。百度词条上说：沟通是人与人之间、人与群体之间思想与感情的传递和信息及思想的传播。

　　由此可见，沟通作为一项重要的人际交往技巧和技能，在日常生活中的运用非常广泛，对职场生涯的顺利与否影响更大，不善沟通将是职业发展的最大障碍。对于在校高职大学生，更要从各方面锻炼自己，学习沟通的必要技巧，克服各方面的心理问题，改善人际关系，使自己能够适应大学生活、适应职场需要。在某种意义上，人际矛盾、效率低下，甚至重大事故等产生的原因，大都与沟通不畅有关。

经典案例

德国最愚蠢的银行

2008 年 9 月 15 日上午 10：00，拥有 158 年历史的美国第四大投资银行雷曼兄弟公司向法院申请破产保护，消息转瞬间通过电视、广播和网络传遍地球的各个角落。令人匪夷所思的是，在如此明朗的情况下，上午 10：10，德国国家发展银行居然按照外汇到期协议，通过计算机自动付款系统向雷曼兄弟公司即将冻结的银行账户转入了 3 亿欧元。毫无疑问，3 亿欧元将有去无回。转账风波曝光后，德国社会各界大为震惊，舆论哗然，普遍认为这笔损失本不应该发生。因为此前的一天，有关雷曼兄弟公司破产的消息已经满天飞，德国国家发展银行应该知道交易存在巨大的风险，并事先做好防范措施才对。德国销量最大的《图片报》，在 9 月 18 日头版的标题中，指责德国国家发展银行是迄今"德国最愚蠢的银行"。此事惊动了德国财政部，时任的财政部部长佩尔·施泰因布吕克发誓，一定要查个水落石出并严厉惩罚相关责任人。法律事务所的调查员先后询问了德国国家发展银行各个部门的数十名职员。几天后，调查员向国会和财政部递交了一份调查报告，调查报告并不复杂深奥，只是一一记载了被询问人员在这 10 分钟忙了些什么。然而，答案就在这里面。看看他们忙了些什么？

调查结果：

首席执行官乌尔里奇·施罗德：我知道今天要按照协议的约定转账，至于是否撤销这笔巨额交易，应该让董事会开会讨论决定。

董事长保卢斯：我们还没有得到风险评估报告，无法及时作出正确的决策。

董事会秘书史里芬：我打电话给国际业务部催要风险评估报告，可那里总是占线，我想还是隔一会儿再打吧。

国际业务部经理克鲁克：星期五晚上准备带上全家人去听音乐会，我得提前打电话预订门票。

国际业务部副经理伊梅尔曼：忙于其他事情，没有时间去关心雷曼兄弟公司的消息。

负责处理与雷曼兄弟公司业务的高级经理希特霍芬：我让文员上网浏览新闻，一旦有雷曼兄弟公司的消息就立即报告，现在我要去休息室喝杯咖啡了。

文员施特鲁克：10:03，我在网上看到了雷曼兄弟公司向法院申请破产保护的新闻，马上就跑到希特霍芬的办公室，可是他不在，我就写了张便条放在办公桌上，他回来后会看的。

结算部经理德尔布吕克：今天是协议规定的交易日子，我没有接到停止交易的指令，那就按照原计划转账吧。

结算部自动付款系统操作员曼斯坦因：德尔布吕克让我执行转账操作，我什么也没问就做了。

信贷部经理莫德尔：我在走廊里碰到了施特鲁克，他告诉我雷曼兄弟公司的破产消息，但是我相信希特霍芬和其他职员的专业素养，一定不会犯低级错误，因此也没必要提醒他们。

公关部经理贝克：雷曼兄弟公司破产已发生，我想跟乌尔里奇·施罗德谈谈这件事，但上午要会见几个克罗地亚客人，等下午再找他也不迟，反正不差这几个小时。

【事实真相】

在这家银行，上到董事长，下到操作员，没有一个人是愚蠢的。可悲的是，几乎在同一时间，每个人都开了点小差，每个人都没有同其他人进行有效的沟通，核实并确认自己的信息和行为，结果就创造出了"德国最愚蠢的银行"。

思想启迪：组织内部的有效沟通极其重要。人与人的交流、沟通不畅，不能将自己真实的想法、意图告诉对方，会引起误解、笑话，甚至事故。大学时期是大学生心理趋于成熟的时期，特别需要别人的理解，愿意向别人倾诉自己的思想，希望通过别人的理解与安慰调节压抑的情绪，使心理压力缓解。这正是培养自己表达能力、提高沟通能力的黄金时期。重视人际交往，掌握交往技巧，积累交往经验，不仅是大学生现实生活的需要，也是大学生成功走向社会的需要。

第二节
沟通的作用

人作为社会动物，沟通无时不在、无处不在，是否具有良好的沟通能力是一个人情商高低的重要表现，也是适应环境、提高效率、获得成功的重要因素之一。沟通能力与先天条件相关，但也受所处环境影响，更与后天的培养、锻炼、实践息息相关。

经典案例

电影:《国王的演讲》

这是一部根据一个患有严重口吃的国王乔治六世的生平改编的影片，大英帝国在乔治五世去世之后，爱德华八世选择了"爱美人不爱江山"，甘愿将王位让给弟弟乔治六世。然而，心地善良的乔治六世却饱受着身体缺陷——口吃的严重困扰。每每当众发表演讲时都显得非常的吃力，就连几句很简单的话都结结巴巴地讲不出来。随着国家逐渐地被卷入可怕的战争，国家和民众都急切需要一个英明的领导者。此时乔治六世的妻子伊丽莎白也是未来英国女王的母亲，亲自为丈夫找来了语言治疗师莱昂纳尔。通过一系列的训练，新国王的口吃毛病得到了很大的改善，莱昂纳尔正直的个性也赢得了国王等人的尊重，并有幸成为国王的好友。随后乔治六世发表了著名的圣诞讲话，鼓舞了当时在第二次世界大战中奋勇拼杀的英国军民，成为历史佳话。

【事实真相】

唯有勤学苦练方得人前显贵，比你尊贵的都比你更努力，你又有何理由不奋斗？正如中国古语所言"吃得苦中苦，方为人上人"。

思想启迪：这是一部治愈系的影片，治愈的何止是国王，还有观看后的你我。人生最大的敌人是自己，人的奋斗过程在某种意义上就是不断战胜自我的过程。不管是谁，无论富贵贫贱，面对不完美的自己，要战胜自我，很多时候就在于坚持，胜利就是一直坚持的结果。通过上述案例可知沟通能力是可以后天培养、锻炼获得的。

通过上面的事例不难看出沟通的作用和意义。

第一：沟通能够获得、整理与传递信息。

学习生活中信息的采集、传送、整理、交换，无一不是沟通的过程。而沟通最大的作用和意义在于信息的扩散。英国文豪萧伯纳曾说："假如你有一个苹果，我也有一个苹果，我们彼此交换这些苹果，那么，你我仍然是各有一个苹果；然而，如果你有一种思想，我也有一种思想，而我们彼此交换这些思想，那么，我们每个人将各有两种思想。"看，这是不是沟通的魅力所在。

课堂小实践：学生两两交换各自不同的信息。

第二：良好的沟通能够改善人际关系。

这一点非常容易理解，人类是一个倾向于"群居"的动物，我们会一起聚餐、玩乐等，与周围人的沟通十分必要，这也正是我们乐于增强沟通能力的动力源泉。良好的沟通能力是人际关系和谐的基础，而和谐的人际关系又使沟通更加顺畅，和谐的人际关系是沟通的目的和意义。

第三：沟通能实现自我肯定和心理保健功能。

人与人之间的交往与沟通，在传递信息的同时也为个体提供了大量的社会性刺激，从而促进了个体社会性意识的形成与发展。在此发展中，我们能够探索自我以及肯定自我。道理很简单，沟通后所得的互动结果，往往是自我肯定的来源，每个人都想被肯定、受重视，在与别人的沟通和比较中，可以认识及完善自己。通过与他人的沟通，不仅能了解他人，也能通过他人对自己的态度及评价来认识自己，形成个人的自我形象及概念。

沟通对于人的身心健康有非常重要的作用。沟通是人最基本的社会需要之一，也是人们赖以同外界保持联系的重要途径。通过日常的沟通交流，人们可以诉说自己的喜怒哀乐、促进人与人之间的情感交流、增加个人的安全感、消除个人的孤独空虚情绪、化解人的忧虑及悲伤，从而使人精神振奋，维持正常的精神心理健康。看，沟通是不是一种保证身心健康的良药呢？

第三节
沟通的要求

沟通看起来可以很复杂，其实也很简单。前面讲过需要付出三水，同时需要三心，即"有心""用心"和"真心"。

一、有心，要培养沟通意识

1. 自信的态度

善于发现自己和别人的共同特点；乐于在困难时给别人提供帮助；适当表达自己对别人的关心；愿意合作并保持言行一致。但切忌夸大其词，阿谀奉承；也不随波逐流、人云亦云或唯唯诺诺，要有自己的想法与作风。

2. 体谅他人的行为

要设身处地为别人着想，并且体会对方的感受与需要。在经营"人"的事业过程中，只有我们设身处地为对方着想，才能更好地表示对他人的体谅与关心。由于我们的了解与尊重，对方也相对体谅你的立场与好意，因而做出积极而合适的回应。

3. 适当地提示对方

如果由于对方的健忘，而产生矛盾与误会，我们的提示正可使对方信守承诺；反之若是对方有意食言，提示就代表我们并未忘记事情，并且希望对方信守诺言。

4. 有效地直接告诉对方

一位知名的谈判专家分享他成功的谈判经验时说道："我在各个国际商谈场合中，时常会以'我觉得'（说出自己的感受）、'我希望'（说出自己的要求或期望）为开端，结果常会令人极为满意。"其实，这种行为就是直言不讳地告诉对方我们的要求与感受，若能有效地直接告诉对方你想要表达的意图，将会有效帮助我们建立良好的人际网络。但要切记"三不谈"：时间不恰当不谈；气氛不恰当不谈；对象不恰当不谈。

5. 善用询问与倾听

询问与倾听的行为，是用来控制自己，让自己不要为了维护权力而侵犯他人。尤其是在对方行为退缩，默不作声或欲言又止的时候，可用询问行为引出对方真正的想法，了解对方的立场以及对方的需求、愿望、意见与感受，并且运用积极倾听的方式，来诱导对方发表意见，进而对自己产生好感。一位优秀的沟通好手，善于询问以及积极倾听他人的意见与感受。

一个人的成功，20%靠专业知识，40%靠人际关系，另外40%需要观察力的帮助，因此为了提升我们个人的竞争力，获得成功，就必须不断地运用有效的沟通方式和技巧，随时有效地与人接触、沟通，只有这样，才可能获得事业的成功。

二、用心，寻找机会和人沟通

积极的聆听（倾听），聆听是为了获得更多信息，把话题继续下去，处理不同的意见，还能有效发表自己的意见，保持沟通气氛的良好。采取合作的方式，采取积极的态度，并愿意解决问题；共同研究解决问题的方案，对事不对人，不揭短、不指责；达成共赢的目的，大家都获益。职业沟通六不谈：不能非议国家和政府；不能涉及国家机密和行业机密；不能干涉对方内部事务；不能在背后议论同行、领导、同事；不谈格调不高的问题；不谈论私人问题。五不问：不问收入、年纪、婚姻家庭、健康、个人经历。

三、真心，要用真诚的心与人沟通

要用真诚的心与人沟通，打动别人。身心沟通可以分为六个层次。

第一层：没有主动和人沟通的动机，对别人的主动沟通也不适应。

第二层：没有主动和人沟通的动机，只等着别人来沟通。

第三层：想主动和别人沟通，但总做不好。临门一脚总是出错，回头又后悔。

第四层：想主动和别人沟通，于是强迫自己去做。效果一般。而且表现会受情绪和场合的限制。

第五层：想主动和别人沟通，也积极去做，不大受情绪因素、表达方法、个人因素、环境因素的影响，沟通效果良好。

第六层：和别人沟通已成为一种习惯和本能，任何时候都能自如得体。

 四、了解沟通的分类

沟通从不同的角度有不同的分类。

从沟通的功能看，可分为情感沟通和工具沟通。

从沟通的方式看，可以分为口头沟通、书面沟通、肢体沟通。

从沟通的渠道看，可以分为正式沟通和非正式沟通。

从沟通的方向看，可以分为下行沟通、上行沟通和平行沟通。

根据沟通是否存在着反馈，可以把它分为单向沟通和双向沟通。

根据沟通的结果，也可以把它分为无效沟通和有效沟通。

职业沟通的主要目的是协调人、财、物等各要素，使企业成为一个高速有效运转的整体；沟通也是企业内部以及内部与外部环境联系的桥梁，企业有效沟通的作用可以总结为以下几点：

① 满足人们彼此交流的需要；

② 使人们达成共识、更多的合作；

③ 降低工作的代理成本，提高办事效率；

④ 能获得有价值的信息，并使个人办事更加井井有条；

⑤ 使人进行清晰的思考，有效把握所做的事。

第四节
沟通能力提升方式

美国著名的未来学家约翰·奈斯比特曾说："未来的竞争将是管理的竞争，竞争的焦点在于每个社会组织内部成员之间及其与外部组织的有效沟通。"社会实践也不断验证了这一论点。沟通是管理的灵魂，有效的沟通决定管理的效率。通过有效的沟通，管理者可以把企业的运营模式、发展宗旨、核心竞争力、企业文化等信息准确地传递给组织成员，以更有效地实现组织运行，协调组织成员行为以及使组织适应外部环境的变化，达到提高工作效率增加企业效率的目的。现代企业管理者大都把沟通作为团队建设的重要内容，把沟通看作事业成功的关键所在。沟通能力这么重要，"如何才能有效提高自我沟通能力"已成为高职大学生迫切渴望解决的问题，下面从三个方面进行简单介绍。

💡 **经典小故事**

断箭之殇

春秋战国时代，一位父亲和他的儿子出征打仗。 父亲已做了将军，儿子还只是马前卒。 号角吹响了，战鼓擂鸣了，父亲庄严地托起一个箭囊，里面插着一支箭。 父亲郑重地对儿子说："这是家传宝箭，带在身边，力量无穷，但千万不可以抽出来。"

那是一个极其精美的箭囊，厚牛皮打制，镶着幽幽泛光的铜边儿，再看露出的箭尾，一眼便能认定是用上等的孔雀羽毛制作的。儿子喜上眉梢，贪婪地推想箭杆、箭头的模样，耳旁仿佛箭声嗖嗖地掠过，接着敌方的主帅应声中箭而毙。

果然，带着宝箭的儿子英勇非凡，所向披靡。当鸣金收兵的号角吹响时，儿子再也禁不住得胜的豪气，完全背弃了父亲的叮嘱，强烈的欲望驱使着他呼的一下将宝箭拔出，试图看个究竟。骤然间他惊呆了。

一支断箭，箭囊里装着一支折断的箭。

我一直带着一支断箭打仗！儿子吓出了一身冷汗，仿佛顷刻间失去支柱的房子，他的意志坍塌了。

结果，儿子在接下来的战斗中惨死于乱军之中。

拂开蒙蒙的硝烟，父亲拣起那支断箭，沉重地啐了一口道："不相信自己的意志，永远也做不成将军。"

自我才是一支箭，若要它坚韧，若要它锋利，若要它百步穿杨、百发百中，磨砺它、拯救它的都只能是自我。

思想启迪：内心的强大才是真正的强大。刻苦锻炼定能提升沟通能力。

一、锻炼表达能力

日新月异的信息时代，QQ、电子邮件、微博、微信等各种通信方式不断涌现，使人们之间的交流缩短了时间，缩小了空间，我们的信息交流更方便、实时、快捷。但这种极大减少见面机会的交流，对语言表达能力的要求更高。下面介绍几种锻炼表达能力的方法。

1. 首先要对自己有信心，消除胆怯

语言表达就是把自己的思想讲给别人听，前提是要有信心在别人面前讲话，消除胆怯，战胜胆怯。

2. 每天大声朗读 30 分钟

大声朗读是很好的锻炼语言表达能力的方法。大声朗读的时候，自己能清楚自己的语调语气，能够很好地掌握语感。经常练习，语言就会通顺流畅了。每天朗读 30 分钟，一年的阅读量就能达 140 万字，两年就能读完四大名著，语言表达能力的提升也就毋庸置疑了。

3. 多积累好词好句

在阅读的过程中，遇到好词好句，记录在本，并在说话时，选择合适的场景把它们利用起来。

4. 多向身边的人学习

多听语言表达能力强的朋友或同事讲话。三人行必有我师，我们周围有很多语言表达能力好的人，要多倾听，他们的说话风格多样，或风趣幽默，或语重心长，或声情并茂，这都是我们需要学习的地方。

5. 多交流

交流使人受益匪浅。交流的过程中，我们头脑中储存的知识得到充分利用，对方的语言

也能刺激你的语言表达。在讨论一个意见不同的问题时，如果没有人和你讨论，你可能不知道说什么，但是在与人讨论时，你的语言表达被激发出来。日积月累，你的语言表达能力将会得到提高。

6. 找一些专业的书籍学习语言表达的技巧

语言表达有技巧，什么场景说什么话、如何清晰传达说话的目的、如何让自己的表达起到更好的效果，都有技巧。掌握一些技巧，使自己多一些语言表达的法宝。

7. 做一些必要的知识储备，提升个人素质

个人素质决定一个人的说话水平。语言可以委婉、可以铿锵有力、可以有震慑力、也可以有杀伤力，但是一定要说到点子上，让人心服口服。想让语言表达有这样的能力，需要平时多积累知识，用知识武装自己。积极参加各种有益的活动，并踊跃发言。任何能力都是可以通过后天的努力锻炼获得，有锻炼的机会应主动抓住。

8. 拓展自己的想象力，把自己想象的内容说出来

这种方法可以锻炼自己的临场发挥能力，平时自己闭目养神的时候，让思想插上翅膀，随意翱翔，把想象的内容变成语言，叙述出来。当遇到沟通中语言匮乏时，可以利用这个能力救场。

9. 多总结

每一次和别人谈话之后，都回顾一下，自己哪句话说得不符合情境，哪句话用词不当，多总结，把自己语言表达中存在的问题找出来，逐一改正，坚持下去，会出口成章的，也会成为语言表达的高手的。

二、有效倾听

倾听既是有效获取知识信息的方式，也是对说话方的尊重，是实现有效沟通的最佳载体。有效倾听具有几个明晰的要点，具体如下。

① 克服自我中心。不要总是谈论自己，不要总想占主导地位，要注意对方的回应，不要打断对话、要让对方把话说完，这是对说话者最起码的尊重。千万不要因为深究那些不重要或不相关的细节而打断人。

② 不要激动。激动会失去正确的判断，所以不要匆忙下结论，不要急于评价对方的观点，不要急切地表达建议，不要因为与对方不同的见解而产生激烈的争执。要仔细地听对方说些什么，不要把精力放在思考怎样反驳对方所说的某一个具体的小的观点上。

③ 尽量不要边听边琢磨他下面将会说什么，时刻提醒自己是不是有偏见或成见，因为它们很容易影响你对别人的倾听。

④ 不要使你的思维跳跃得比说话者还快，不要试图理解对方还没有说出来的意思，那样会让说话人感到不安全。

此外，有效倾听还应注重一些细节，如不要了解自己不应该知道的东西，不要做小动作、不要走神、不必介意别人讲话的特点。同时要体察对方的感觉。一个人感觉到的往往比他的思想更能引导他的行为，越能注意别人感觉的真实面，就越能加强彼此的沟通。体察感觉，意思是指将隐藏在对方语言背后的情感复述出来，表示接受并了解他的感觉，有时会产生相当好的效果。要注意反馈。倾听别人的谈话要注意信息反馈，及时查证自己是否了解对方。你不妨这样："不知我是否了解你的话，你的意思是……"一旦确定了你对他的了解，就要进入积极实际的交流和沟通；要抓住主要意思，不要被个别枝节所吸引。善于倾听的人总是注意分析哪些内容是主要的、哪些是次要的，以便抓住事实背后的主要意思，避免造成误解。

有效倾听的九个原则如图 4-1 所示。

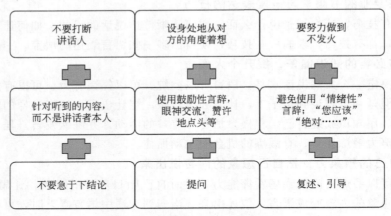

图 4-1 有效倾听的九个原则

三、提升沟通能力的技巧

提升沟通能力的重要性大家都熟悉了，那么究竟怎样才能提高自己的沟通能力呢？其实除了上面讲的以外，还有些技巧可以掌握。

1. 微笑、耐心

有人说：长得不漂亮那就学会微笑。一缕微笑就像一缕阳光，用微笑开启沟通的大门。沟通过程中要耐心听完对方的话。一个人不仅需要拥有高效表达自己观点的能力，也需要拥有倾听他人观点的能力，这样才可以明白对方的意图，从而进行高效的交流。因此，要避免因为思考事情和组织语言而忽略别人的讲话内容。

2. 情绪控制

常言说，冲动是魔鬼。在沟通过程中一定要控制情绪，过激的情绪反应容易引发争执，导致沟通失败。在沟通过程中千万不要表现出不耐烦、轻视、讨厌等，会不利于进行沟通。应当在充分尊重对方意见的同时，适当不过激地表达自己的意见和主张。不同的人有不同的想法，表达能力、理解能力也有所不同，应当保持稳定的情绪与对方友好平等地进行沟通交流。

3. 懂得说话技巧

网上有戏言，"智商决定你的下线，情商决定你的上限，你说话让人舒服的程度，能决定你所达到的高度"。同样的一句话，经过修饰后虽然用意相同，但听众的感觉不同，听起来会让他人心里舒服。你所持的态度对你和他人交流的效果有着巨大的影响。要学着诚实，有耐心，乐观，真诚，尊重和接受他人。还要关心他人的感受，相信他人的能力。适当的称赞可以缓和沟通气氛，增进感情及彼此的认同感。

4. 换位思考

要想打动别人或者说服别人，实现共情，最好的方式就是换位思考。沟通的过程中与沟通对象坦诚相待非常重要，不要有隐瞒，坦诚是你们通过沟通加深合作关系的重要台阶。首先可以通过自己的坦诚，让对方相信自己，带动对方对你坦诚，进而促进沟通顺利愉快地进行。懂得换位思考，同样的事站在不同的角度，会有不同的思考方向，凡事以宽容、包容的心态对待。

　　沟通是双向的，既要表达也要反馈。你需要不断地提高自己的这项技能。在沟通内容上，使自己观点更清晰、更有理有据、更简洁易懂。在沟通方式上，尽量用事实和数据说话，采用对方容易接受的沟通频率、语言风格、态度和情绪。

实战宝典

　　1. 与上级沟通的技巧

　　应该由你来承担主要责任，着手建立你与上级领导之间的关系，因为这符合你的利益。

　　① 除非上司想听，否则不要讲；

　　② 若是意见相同，要热烈反应；

　　③ 意见略有差异，先表示赞同；

　　④ 持有相反意见，勿当场顶撞；

　　⑤ 想要有些补充，要用引申式；

　　⑥ 如有他人在场，宜仔细顾虑；

　　⑦ 心中存有上司，比较好沟通。

　　2. 与同事沟通的技巧

　　当你期望同他人对某一种行动和观点达成共识时，你与听众都拥有类似的信息和权威，你没有力量让听众立即同意，因此只能采用"咨询"的方式，征求听众的意见，然后提出你的建议，经过引导使双方达成共识。

　　① 彼此尊重，从自己先做起；

　　② 易地而处，站在他的立场；

　　③ 平等互惠，不让对方吃亏；

　　④ 了解情况，选用合适方式；

　　⑤ 依据情报，把握适当时机；

　　⑥ 如有误会，诚心化解障碍；

　　⑦ 点点滴滴，创造信任基础。

　　现代社会，不善于沟通将失去许多机会，同时也将导致自己无法与别人协作。每个人都不是生活在孤岛上，只有与他人保持良好的协作，才能获取自己所需要的资源，才能获得成功。要知道，现实中所有的成功者都是擅长人际沟通、珍视人际沟通的人。良好的人际沟通能力，可以让你在为人处世中游刃有余，让你能够交到更多的朋友，享受生活的乐趣，使你的生活变得更加精彩。因此，让我们重视人际沟通这门艺术，使人际关系更融洽，也使人生过得更漂亮、更有意义！

第五章
时间管理

如果有一家银行，每天早上都在你的银行账户存入 86400 元，但是每天的账户余额都不能结转到明天，一到结算时间，银行就会把你当日未用尽的款项全数删除。你会怎么做？

你肯定会说，那当然是每天分文不留地全部取出才是最佳选择，接着你恐怕会问：哪里会有这种银行？

其实，我们每个人都拥有这样的一家银行，那就是"时间银行"。每天早上它总会为你在账户里存入 86400 秒。一到晚上，也会自动把你当日虚度的光阴全数注销，没有分秒可以结转到明天。

我们每个人每天的时间是一样的，如何利用时间却千差万别。良好的生活和学习习惯首先从珍惜时间、学会管理时间开始！

第一节
认识时间管理

一、什么是时间

我们常说："时间就是效率""时间就是金钱""时间就是生命""一寸光阴一寸金，寸金难买寸光阴"，最成功和最不成功的人一样，一天都只有 24 小时，但区别就在于他们如何利用所拥有的 24 小时。

经典案例

胡适在毕业典礼上的演讲

1930 年，胡适先生在一次毕业典礼上，发表了一篇演讲，内容如下。

诸位毕业的同学：你们现在要离开母校了，我没有什么礼物送给你们，只好送你们一句话。

这一句话是：珍惜时间，不要抛弃学问。

　　以前的功课也许有一大部分是为了这张文凭，不得已而做的。从今以后，你们可以依自己的心愿去自由研究了。趁现在年富力强的时候，努力做一种专门学问。少年是一去不复返的，等到精力衰竭的时候，要做学问也来不及了。

　　有人说：出去做事之后，生活问题急需解决，哪有工夫去读书？

　　即使要做学问，既没有图书馆，又没有实验室，哪能做学问？

　　我要对你们说：凡是要等到有了图书馆才读书的，有了图书馆也不肯读书；凡是要等到有了实验室方才做研究的，有了实验室也不肯做研究。你有了决心要研究一个问题，自然会节衣缩食去买书，自然会想出法子来设置仪器。

　　至于时间，更不成问题。达尔文一生多病，不能多做工，每天只能做 1 点钟的工作。你们看他的成绩！每天花 1 点钟看 10 页有用的书，每年可看 3600 多页书；30 年读 11 万页书。

　　诸位，11 万页书可以使你成为一名学者了。可是每天看 3 种小报也得费你 1 点钟的工夫；四圈麻将也得费你 1 点钟的光阴。看小报呢？还是打麻将呢？还是努力做一个学者呢？全靠你们自己选择！

　　时间究竟是什么呢？

　　哲学家这样说："时间是物质运动的顺序性和持续性，其特点是一维性，是一种特殊的资源。"

　　总之，时间是一种特殊的稀缺资源。它是不能再生的，它不能被储存下来，它是每个人都有的，它对每一个人都是均等的，但又是有限的，是最珍贵而又最容易被人忽略的资源。

 ## 二、时间的独特性

　　时间的四项独特性：

　　（1）供给毫无弹性　时间的供给量是固定不变的，在任何情况下不会增加、也不会减少，每天都是 24 小时，所以我们无法开源。

　　（2）无法蓄积　时间不像人力、财力、物力和技术那样可以被积蓄储藏。不论愿不愿意，我们都必须消费时间，所以我们无法节流。

　　（3）无法取代　任何一项活动都有赖于时间的堆砌，这就是说，时间是任何活动所不可缺少的基本资源。因此，时间是无法取代的。

　　（4）无法失而复得　时间无法像失物一样失而复得。它一旦丧失，则会永远丧失。花费了金钱，尚可赚回，但倘若挥霍了时间，任何人都无力挽回。

　　如果每天都有 86400 元进入你的银行户头，而你必须当天用光，你会如何运用这笔钱？

　　天下真有这样的好事吗？是的！你真的有这样一个户头，那就是时间。每天每一个人都会有新的 86400 秒进账。那么面对这样一笔财富，你打算怎样利用它们呢？

　　有人曾粗略地统计过一个活到 73 岁的美国人是怎么花时间的：

　　睡觉：21 年。工作：14 年。个人卫生：7 年。吃饭：6 年。旅行：6 年。排队：6 年。学习：4 年。开会：3 年。打电话：2 年。找东西：1 年。其他：3 年。

 ## 三、什么是时间管理

　　"时间管理"所探索的是如何避免浪费时间，以便有效地完成既定目标。由于时间所具备的四个独特性，所以时间管理的对象不是"时间"，它是指面对时间而进行的"自我管理者的管理"。

我们可以这样理解：

① 时间管理就是自我管理；

② 时间管理就是事前的规划或长期的计划；

③ 时间管理即是改变习惯，以令自己更富绩效，更富效能。

阅读延伸

所谓"时间的浪费"，是指对目标毫无贡献的时间消耗。

所谓"自我管理者的管理"——你必须抛弃陋习，引进新的工作方式和生活习惯，包括要订立目标、妥善计划、分配时间、权衡轻重和权力下放，加上自我约束、持之以恒才可提高效率，事半功倍。

四、时间管理的概念

1. 时间管理的概念

所谓时间管理（time management），是指用最短的时间或在预定的时间内，把事情做好。

2. 时间管理的目的

如果从功能性以及作用出发，时间管理的主要目标如下：

① 有效地运用时间，降低变动性。

② 决定什么事该做，什么事不该做。

③ 透过事先的规划，分清已做的事和未做的事。

五、时间管理理论

有关时间管理的研究已有较长的历史，时间管理理论可分为四代（表 5-1）。

表 5-1　时间管理理论的演变

项目	第一代	第二代	第三代	第四代
优点	重要事情发生时应变能力强，有顺应时势的变通能力；人际关系较佳；时间安排不会太紧凑或太复杂，会逐步完成待办事项	能准时赴约完成约定之事；通过制定目标与规划，能完成较多事；因事先准备充分，会议或行事较能发挥实效	能将价值观化为目标与行动；能发挥短、中、长期目标的效果；效率提高，时间与自我更具管理技巧	集前三代时间管理学于大成的时间管理理论，侧重于先做重要的事，而非急迫的事；讲求多方面平衡；改变思想而非改变行为
缺点	没有严格的组织架构，因忽略组织规划而疲于应付，最重要的事就是眼前的事	实现更多目标，却未必满足真正的需求，最重要的事就是时间表上的事	价值观未必符合自然法则，最重要的事因急迫性与价值观而定	

第一代的理论着重利用便条与备忘录，在忙碌中调配时间与精力。

第二代的理论强调行事历与日程表，反映出时间管理已注意到规划未来的重要性。

第三代的理论注意目标层次，讲求优先顺序。也就是依据轻重缓急设定短、中、长期目标，再逐日制订实现目标的计划，将有限的时间、精力加以分配，争取最高的效率。

现在，又有第四代的理论出现。与以往截然不同之处在于，它根本否定"时间管理"这个名词，主张关键不在于时间管理，而在于个人管理。与其着重于时间与事务的安排，不如把重心放在维持产出与产能的平衡上。

第二节
时间管理的误区

你在时间管理方面做得如何？如果你和大多数人的答案一样，那么你一定也会觉得时间不够用，一个任务接着一个任务，需要不停地加班才能赶在截止日期前完成工作。我们都知道，合理安排时间才能更加有效地工作，但我们却很难改进。那么，在工作和学习中，我们在时间管理方面往往存在哪些误区呢？

 一、工作缺乏计划

> 一只小狐狸对一只老狐狸抱怨说："真是生不逢时啊！我想得好好的计谋，不知道为什么，几乎总是不成功。"
>
> 老狐狸问："你告诉我，你是在什么时候制订你的计谋的？"小狐狸说："啥时候？都是肚子饿了的时候呗。"老狐狸笑了："对啦，问题就在这里！饥饿和周密考虑从来走不到一块。你以后制订计谋，一定要趁肚子饱饱的时候，这样就会有好的结果了。"

有些人认为没有必要在行动之前多做思考、不做计划也能获得实效，因而在行动之前不做或是不重视做计划。消极地应付工作，那工作者将处于受摆布的地位；只有工作之前做好计划，才能处于主动的地位，提高工作效率。

由于我们的工作缺乏计划，将导致如下恶果：

① 目标不明确；

② 工作不认真分类，纷杂混乱；

③ 排不出工作的轻重缓急；

④ 不能合理地分配时间。

 二、时间控制不够

我们通常在时间控制上容易陷入下面的陷阱：

① 习惯拖延时间；

② 不擅处理不速之客的打扰；

③ 不擅处理无端电话的打扰；

④ 泛滥的"会议病"困扰。

三、整理整顿不足

办公桌的杂乱无章与办公桌的大小无关，因为杂乱是人为的。"杂乱的办公桌显示杂乱的心思"是有道理的。让一个不富条理的人使用一个小型的办公桌，这个办公桌会变得杂乱无章，即使给他换一个大型的办公桌，不出几日，这个办公桌又会遭遇同样的命运。

套用"帕金森定律"——"工作将被扩展，以便填满可供完成工作的时间"，我们也可以导出"文件堆积定律"——"文件的堆积将被扩展，以便填满可供堆积的空间。"

四、进取意识不强

我们经常说："人最大的敌人就是自己。"有些人之所以能够让时间白白流逝而毫无悔痛之意，最根本的原因就是他个人缺乏进取意识，缺乏对工作和生活的责任感和认真态度。主要表现在以下几个方面：

① 个人的消极态度；
② 做事拖拉，找借口不干工作；
③ 唏嘘不已，做白日梦；
④ 工作中闲聊。

如果我们一直处于迟钝的时间感觉中，换句话说，当你觉得时间可有可无，不愿面对工作中的具体事务，沉溺于"天上随时掉下大馅饼"的美梦，那就需要好好反省自己了，因为你随时会丧失宝贵的机会，随时可能被社会所淘汰！

前面我们谈到了四个时间管理的误区，不管以前我们做得怎样，要记住：世界上所有"未来"的成就都是"现在"塑造的，"现在"又是由"过去"发展而来的。因此，我们要记住"过去"，把握"现在"，放眼"未来"。

> 昨天是一张已被注销的支票，明天是一张尚未到期的本票，今天则是随时可运用的现金。请善用它！

第三节
时间管理的基本原则

时间管理的基本原则有以下六项。

一、明确目标

在人生的旅途上，没有目标就好像走在黑漆漆的路上，不知往何处去。

虽说目标能够刺激我们奋勇向上，但是，对许多人来说，拟定目标实在不是一件容易的事，原因是我们每天忙于日常工作就已经透不过气了，哪还有时间好好想想自己的将来。这正是问题的症结，就是因为没有目标，每天才弄得没头没脑、蓬头垢面，这只是一个恶性循环罢了！

另外有些人没有目标，则是因为他们不敢接受改变，与其说安于现状，不如坦白一点，那便是没有勇气面对新环境可能带来的挫折与挑战，这些人最终只会一事无成！

事实上，随波逐流、缺乏目标的人，永远没有机会淋漓尽致地发挥自己的潜能。因此，我们一定要做一个目标明确的人，生活才有意义。然而不幸的是，多数人对自己的愿望，仅有一点模糊的概念，而只有少数人会贯彻这个模糊的概念。

有目标才有结果，目标能够激发我们的潜能。那么我们究竟如何选择或是制定正确的目标呢？

在选择或制定目标时应考虑两个方面：一是目标要符合自己的价值观，二是要了解自己目前的状况。

以 SMART 为导向的目标原则

一个目标应该具备以下五个特征才可以说是完整的：

具体的（specific）——目标必须是清晰的，可产生行为导向的。

可衡量的（measurable）——目标必须用指标量化表达。

可达到的（attainable）——有两层意思：一是目标应该在能力范围内；二是目标应该有一定难度。

相关的（relevant）——目标的制定应和自己的生活、工作有一定的相关性。

基于时间的（time-based）——任何一个目标的设定都应该考虑时间的限定。

 ## 二、有计划、有组织地进行工作

所谓有计划、有组织地进行工作，就是把目标正确地分解成工作计划，通过采取适当的步骤和方法，最终达成有效的结果。通常会体现在以下五个方面：

① 将有联系的工作进行分类整理；

② 将整理好的各类事务按流程或轻重缓急加以排列；

③ 按排列顺序进行处理；

④ 为制定上述方案需要安排一个考虑的时间；

⑤ 由于工作能够有计划地进行，自然也就能够看到这些工作应该按什么次序进行，哪些是可以同时进行的工作。

做计划的大致步骤如下：

① 确立目标；

② 探寻完成目标的各种途径；

③ 选定最佳的完成方式；

④ 将最佳途径转化成月/周/日的工作事项；

⑤ 编排月/周/日的工作次序并加以执行；

⑥ 定期检查目标的现实性以及完成目标的最佳途径的可行性。

有了计划，就必须有行动。行动是一件了不起的事，切实实行你的计划和创意，以便发挥它的价值。不管主意有多好，除非真正身体力行，否则永远没有收获；实行计划时心理要平静，预估困难、做好准备、及时调整。

三、分清工作的轻重缓急

处理事情优先次序的判断依据是事情的"重要程度"。所谓"重要程度"，即指对实现目标的贡献大小。

著名管理学家科维提出了一个时间管理的理论，把工作按照重要和紧急两个不同的程度进行划分，基本上可以分为四个"象限"：既紧急又重要、重要但不紧急、紧急但不重要、既不紧急也不重要（图5-1）。这就是关于时间管理的"四象限法则"。

图 5-1　时间管理的"四象限法则"

第一象限：重要又紧急的事情。没什么好说的，立即去做！

第二象限：重要但不紧急的事情。问题的发掘与预防、参加培训、向上级提出问题处理的建议等等。不紧急，但是你不做以后就会给你带来麻烦。我们要有计划地去做，不能因为不紧急就不去解决它。我们应该第一时间将任务进行分解，然后一个一个解决，并制定时间表，在规定的时间内完成，就不会让第二象限的事情偷溜到第一象限中去。

第三象限：紧急但不重要的事情。当你疲惫的时候，可以通过一些不重要但紧急的事情来调整情绪和身体，但是不要在这个象限中投入过多的精力，否则就是浪费生命了。

第四象限：既不重要又不紧急的事情。这是浪费力气但是又不讨好的事情，这类事情我们尽量别做。

四、合理地安排时间

帕累托原则：在任何特定的群体中，重要的因子通常只占少数，而不重要的因子则占多数，因此只要控制具有重要性的少数因子，就能控制全局。

由以上原则引申到以下做法：

（1）二八法则　避免将时间花在琐碎的多数问题上，因为就算你花了80％的时间，你也只能取得20％的成效。所以，你应该将时间花在重要的少数问题上，因为掌握了这些重要的少数问题，你只需花20％的时间，即可取得80％的成效。

因此，用二八法则，从一大堆事情中选出最重要的事情优先做，把自己80％的时间和精力花费在能给你带来80％收益的事情上。

（2）艾维·利时间管理法　1天中选择6件最重要的事情，而且是这一天中最需要完成的事情，其他事情先放一放。在一天中，把绝大多数的精力都放到这6件事情上。把这6件事情按照轻重缓急来排列，一件一件完成。

五、与别人的时间取得协作

任何人类的组织，不论大小，都有其周而复始的节奏性、周期性；而我们作为社会或是团体组织中的一员，毫无疑问地要与周边部门或人发生必然的联系。在这种情况下，我们需要互相尊重对方的时间安排，也就是说要与别人的时间取得协作。

认清并适应组织的节奏性与周期性是成功的要素。你也许拥有全世界最伟大的广告构想，但是如果你在各公司都做完广告预算后才提出你的构想，可能就不会有太好的运气。一般要等几个月后，你的构想才会被慎重考虑，甚至可能会一不小心被扔到垃圾桶里去！

同样地，当我们需要到某一部门去参观学习，也需要提前与该部门人员进行预约，双方共同达成一个有关时间、地点、人员安排等等的约定。否则，突如其来的打扰会令对方措手不及，甚至有可能将你拒之门外。

我们是不是也经常抱怨外部的打扰、突发事件呢？既然如此，我们更应该站在对方的角度考虑问题，严格要求自己，提前做好计划与安排，与他人的时间取得协作，少一份慌乱，多一份从容。

六、制定规则、遵守纪律

"没有规矩，不成方圆。"因为有纪律，我们才有秩序。在时间管理中，我们同样强调纪律与规则。

制定规则、遵守纪律的核心主要体现在以下三个方面：

① 在进行工作的时候，一定要牢记这个工作的截止日期；

② 即使外部没有规定截止的日期，自己也要明确一个完成目标的日期；

③ 由于不可抗的原因而不能按期完成时，一定要提前和相关部门取得联系，将影响降到最小范围内。

第四节
时间管理方法

一、6 点优先工作制

该方法是效率大师艾维·利在向美国一家钢铁公司提供咨询时提出的，它使这家公司用了 5 年的时间，从濒临破产一跃成为当时全美最大的私营钢铁企业，艾维·利因此获得了 2.5 万美元咨询费，故管理界将该方法喻为"价值 2.5 万美元的时间管理方法"。

这一方法要求把每天所要做的事情按重要性排序，分别从"1"到"6"标出 6 件最重要的事情。每天一开始，先全力以赴做好标号为"1"的事情，直到它被完成或被完全准备好，然后再全力以赴地做标号为"2"的事，依此类推……

艾维·利认为，一般情况下，如果一个人每天都能全力以赴地完成 6 件最重要的大事，那么，他一定是一位高效率人士。

二、帕累托原则

帕累托原则是由 19 世纪意大利经济学家帕累托提出的。其核心内容是生活中 80% 的结果几乎源于 20% 的活动。比如，是那 20% 的客户给你带来了 80% 的业绩，可能创造了 80% 的利润；世界上 80% 的财富是被 20% 的人掌握着，世界上 80% 的人只分享了 20% 的财富。因此，要把注意力放在 20% 的关键事情上。

根据这一原则，我们应当对要做的事情分清轻重缓急，进行如下的排序：

A：重要且紧急（比如救火、抢险等）——必须立刻做。

B：重要但不紧急（比如学习、做计划、与人谈心、体检等）——只是没有前一类事的压力，应该当成紧急的事去做，而不是拖延。

C：紧急但不重要（比如有人因为打麻将"三缺一"而紧急约你、有人突然打电话请你吃饭等）——只有在优先考虑了重要的事情后，再来考虑这类事。人们常犯的毛病是把"紧急"当成优先原则。其实，许多看似很紧急的事，拖一拖，甚至不办，也无关大局。

D：既不紧急也不重要（比如娱乐、消遣等事情）——有闲工夫再说。

【案例】

某人一周的事务清单：

1. 临时参加各部门协调会。（不重要但紧急）
2. 解决客人投诉。（重要而且紧急）
3. 编写下个月部门员工排班表。（重要但不紧急）
4. 归档大堂副经理本周的所有文件。（不重要也不紧急）
5. 去拜访 VIP 客人。（重要但不紧急）
6. 计划给前厅员工及其领班进行关于发票登记的培训。（重要但不紧急）
7. 陪朋友买手机。（不重要也不紧急）
8. 向上次联系的客户询问产品使用情况，搜集反馈资料。（重要但不紧急）
9. 核查下午客人的信用额度报表。（重要而且紧急）
10. 发传真取消客人预授权。（重要而且紧急）
11. 打若干个沟通的电话。（不重要但紧急）
12. 核查当日所有挂账账单及其消费小单是否准备齐全。（重要而且紧急）
13. 保安员报告有两名客人在停车场打架斗殴。（重要而且紧急）
14. 去当当网购买最近很火的一本书《杜拉拉升职记》。（不重要也不紧急）
15. 帮助一名新同事解决系统中遇到的一个难题。（不重要但是紧急）

 ## 三、麦肯锡 30 秒电梯理论

麦肯锡公司曾经得到过一次沉痛的教训：该公司曾经为一家重要的大客户做咨询，咨询结束的时候，麦肯锡的项目负责人在电梯间里遇见了对方的董事长，该董事长问麦肯锡的项目负责人："你能不能说一下现在的结果呢？"由于该项目负责人没有准备，而且即使有准备，也无法在电梯从 30 层到 1 层的 30 秒内把结果说清楚。最终，麦肯锡失去了这一重要客户。从此，麦肯锡要求公司员工：凡事要在最短的时间内把结果表达清楚，凡事要直奔主题、直奔结果。麦肯锡认为，一般情况下人们最多记得住一二三，记不住四五六，所以凡事要归纳在 3 条以内。这就是如今在商界流传甚广的"麦青锡 30 秒电梯理论"或称"电梯演讲"。

所以，我们要善于利用零碎的时间，尤其是能带来重大机遇的时间。

 ## 四、莫法特休息法

《圣经新约》的翻译者詹姆斯·莫法特的书房里有 3 张桌子：第一张摆着他正在翻译的《圣经》译稿；第二张摆的是他的一篇论文原稿；第三张摆的是他正在写的一篇侦探小说。莫法特的休息方法就是从一张书桌搬到另一张书桌，继续工作。

"间作套种"是农业上常用的一种科学耕作的方法。人们在实践中发现，连续几季都种相同的作物，土壤的肥力就会下降很多，因为同一种作物吸收的是同一类养分，长此以往，土壤养分就会枯竭。如果每一季选种不同的作物，则不会发生这种情况。人的脑力和体力也是这样，如果每隔一段时间变换不同的工作内容，就会产生新的优势兴奋点，而原来的兴奋点则得到抑制，这样人的脑力和体力就可以得到有效的调节和放松。

五、最新的时间管理概念——GTD

GTD 是"Getting Things Done"的缩写。来自戴维·艾伦（David Allen）的一本畅销书 *Getting Things Done*，国内的中文翻译本《尽管去做：无压工作的艺术》（中信出版社出版）。

GTD 的具体做法可以分成收集、整理、组织、回顾与行动五个步骤。

收集：将你能够想到的所有的未尽事宜（GTD 中称为 stuff）一一罗列出来。

整理：把未尽事宜罗列出来之后就需要定期或不定期地进行整理。

组织：组织主要分为对参考资料的组织与对下一步行动的组织。

回顾：通过回顾检查你的所有清单并进行更新，可以确保 GTD 系统的运作，而且在回顾的同时可能还需要进行未来一周的计划工作。

行动：按照每份清单开始行动。

时间管理十一条金律

金律一：要和你的价值观相吻合。

金律二：设立明确的目标。

金律三：改变你的想法。

金律四：遵循二八法则。

金律五：安排"不被干扰"时间。

金律六：严格规定完成期限。

金律七：做好时间日志。

金律八：理解时间大于金钱。

金律九：学会列清单。

金律十：同一类的事情最好一次把它做完。

金律十一：每一分钟、每一秒做最有效率的事情。

第六章
商务礼仪

中国是拥有五千年文明历史的礼仪之邦，中国人素以彬彬有礼的形象著称于世。礼仪不仅是中国传统文化的重要组成部分，而且对中国社会以及历史的发展也有广泛的影响。对个人而言，礼仪就是一个人思想道德水平、文化修养、交际能力的外在表现；对于社会而言，礼仪就是一个国家社会文明程度、道德风尚和生活习惯的反映；对于当代高职院校的大学生来说，礼仪可以纠正当代大学生的不良习惯和不正之风，增强内涵、提升工作能力，同时能促使大学生学会处理各种人际关系，创造机遇、提升效率。

第一节
文明礼仪常识之一——基本礼仪

个人礼仪是社会个体行为规范的准则，是一个人仪容、仪表、言谈、行为举止的综合体现，是个人品质、素养、性格、情趣、精神世界和生活习惯的外在表现。良好的礼仪是赢得好感、增加沟通、获得信任的基石。

一、仪容仪表礼仪

时刻保持头发洁净，修剪得体，发型要与自身条件、身份和工作性质相搭配。女士妆容应简约、清丽、素雅，忌讳量使用芳香型化妆品，不应当众化妆或补妆。时刻保持表情自然从容，目光专注、稳重、柔和。男士要每天修面剃须。

1. 站姿

女士站立时，双腿要基本并拢，脚位应与服装相适应。穿紧身短裙时，脚跟靠近，脚尖分开呈"V"状或"Y"状；穿礼服或者旗袍时，可双脚微分。男士在正式场合宜保持手臂自然下垂，上半身挺直，不应将手插在裤袋里或交叉在胸前，不要有下意识的小动作。规范的站姿如图 6-1 所示。

2. 坐姿

入座时，不可随意拖拉椅凳，动作应轻而缓；从椅子的左侧入座，沉着安静地坐下。女士着裙装入座时，应用手将裙子

图 6-1 规范的站姿

后片拢一下，并膝或双腿交叉向后，保持上身端正、肩部放松，双手放在膝盖或椅子扶手上（图6-2）。男士可以微分双腿（一般不要超过肩宽），双手自然放在膝盖或椅子扶手上。

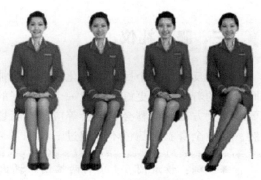

图6-2　规范的坐姿

离座时，应请身份高、辈分高者先离开。离座时动作轻柔，不发出声响，从座位的左侧离开，站好再走，保持体态轻盈、稳重。

3. 走姿

行走时，应抬头，挺胸收腹，身体重心稍前倾，上体正直，双肩放松，两臂自然前后摆动，脚步轻而稳，目光自然，不东张西望。

行走时应遵守行路规则，行人之间互相礼让。三人并行，老人、妇幼走在中间。男女一起走时，男士一般走在外侧，以更好地保护女士。走路时避免吃东西或抽烟。遇到熟人应主动打招呼或问候，若需交谈，应靠路边站立，不要妨碍交通。

4. 蹲姿

蹲姿是人处于静态时的一种特殊体位。下蹲时一脚在前，一脚在后，两腿向下蹲，前脚全着地，小腿基本垂直于地面，后脚脚跟提起，脚尖着地。女性应靠紧双腿，男性则可适度的将其分开。臀部向下，靠后腿支撑身体（图6-3）。

图6-3　规范的蹲姿

友情提示：若用右手捡东西，可以先走到东西的左边，右脚向后退半步后再蹲下来。脊背保持挺直，臀部一定要蹲下来，避免弯腰翘臀的姿势。男士两腿间可留有适当的缝隙，女士则要两腿并紧，穿旗袍或短裙时需更加留意，以免尴尬。

二、交谈礼仪

交谈时，态度要诚恳，表情应自然、大方，语言和气亲切，表达得体。谈话时不应用单个手指指人，做手势动作幅度要小，谈话者间应保持一定距离。在公共场合男女之间不要耳鬓厮磨，与非亲属关系的异性避免长时间攀谈、耳语。

对长辈、师长、上级说话要尊重，对晚辈、学生、下级说话应注意平易近人。同时与几个人谈话，不要把注意力集中在一两个人身上，要照顾到在场的每一个人，注意听取对方的话。

不可出言不逊、强词夺理；不可谈人隐私，揭人短处；不可背后议论他人，拨弄是非；不可说荒诞离奇、耸人听闻的事。谈话中意见不一致时，要保持冷静，以豁达的态度包容异己或回避话题。忌在公众场合为非原则性问题大声喧哗、争执。若遇有攻击、侮辱性言辞，一定要表态，但要掌握尺度。

三、服饰礼仪

服饰能反映出一个民族的文化素养、精神面貌和物质文明发展的程度。不同的场合搭配不同风格的着装，能更好地体现一个人良好的精神面貌、文化修养和审美情趣。公务场合着装要端庄大方；参加宴会、舞会等应酬交际场合，则应突出时尚个性；休闲场合穿着应舒适自然。一般全身衣着颜色不宜超过三种。

练一练：请看图 6-4 中的两幅图，说出他们的异同。

图 6-4　不同着装的印象

友情提示：不同着装，给人截然不同的印象。

1. 男士着装

男士穿着西装时务必整洁、笔挺。正式场合应穿着统一面料、统一颜色的套装，内穿单色衬衫，打领带，穿深色皮鞋。在正式场合，穿着三件套的西装时，不能脱外套。按照国际惯例，西装里不穿毛背心和毛衣，在我国最多只加一件"V"字领毛衣，以保持西装的线条美。

衬衫领子应整洁、挺括，不可有汗渍、污垢。衬衫下摆要塞进裤子里，系好领扣和袖扣，衬衫领口和袖口要长于西服上装领口和袖口 1～2 厘米，衬衫里面的内衣领口和袖口不能外露。

领带结要饱满，与衬衫领口要吻合。领带的长度以系好后大箭头垂到皮带扣为宜。西装穿着系纽扣时，领带夹夹在衬衫的第三粒和第四粒纽扣之间。

穿西装时一定要穿皮鞋，鞋的颜色不应浅于裤子。黑皮鞋宜配黑色、灰色、藏青色西服，深棕色鞋子配黄褐色或米色西服，鞋要上油擦亮。袜子一般应选择黑色、棕色或藏青色，与长裤颜色相配（任何时候切忌黑皮鞋配白袜子）。

2. 女士着装

女士在办公室工作时，服饰的色彩不宜过于夺目，应尽量考虑与办公室色调、气氛相和谐，并与具体的职业分类相吻合。服饰应舒适方便，以适应整日的工作强度。坦露、花哨、反光的服饰是办公室所忌用的。较为正式的场合，应选择女性正式的职业套装；较为宽松的职业环境，可选择造型感稳定、线条感明快、富有质感和挺感的服饰。服装的质地应尽可能考究，不易皱褶。

穿裙子时，袜子的颜色应与裙子的颜色相协调，袜子口避免露在裙子外面。年轻女性的短裙至膝上 3～6 厘米处，中老年女性的裙子要及膝下 3 厘米左右。鞋子要舒适、方便、协调而不失文雅。

3. 饰物

饰物的搭配应与人、环境、心情、服饰风格相协调。遵守以少为佳、同质同色、符合身份的原则。

男士佩戴戒指、领饰、项链等，注重少而精，以显阳刚之气。女性饰物种类繁多，选择范围比较广，饰物的佩戴要与体形、发型、脸型、肤色、服装和工作性质相协调。吊唁时只能戴结婚戒指、珍珠项链和素色饰物。

第二节
文明礼仪常识之二——社交礼仪

社交礼仪是社会交往中最基本的日常礼节。在人际交往中，要想得到他人的尊重，首先要学会尊重他人。学习基本的社交礼仪，不仅可以在交往中创造出和谐融洽的气氛，还能提高一个人的思想道德水平和文化修养。

一、问候礼仪

问候是见面时最先向对方传递的信息。对不同环境里所见的人，要用不同的问候语。和初次见面的人问候，最标准的说法是"你好""很高兴认识您""见到您非常荣幸"等；如果对方是有名望的人，也可以说"久仰""幸会"。与熟人想见，用语可以亲切、具体一些，如"可见着你了"。对于一些业务上往来的朋友，可以使用一些称赞语，例如："你气色不错""你越长越漂亮了"等。

二、单位礼仪

在社交中，恰当的称呼是对对方的尊重，既反映自身的教养，又体现对他人的重视。

称呼一般可以分为姓名称、职业称、年龄称、职务称、一般称、代词称等。姓名称通常是以姓或姓名加"先生、女士、小姐"；职业称是以职业为特征的称呼，如秘书小姐、服务先生等；年龄称主要以"大爷、大妈、叔叔、阿姨"等来称呼；职务称包括经理、主任、董事长、医生、律师、教授、科长、老板等；代词称是用"您""你们"等来代替其他称呼。使用称呼时，一定要注意主次关系及年龄特点。如果对多人称呼，应以年长为先，上级为先，关系远为先。

三、介绍礼仪

介绍一般可分为：自我介绍、为他人做介绍、被他人做介绍。在做介绍的过程中，介绍者与被介绍者的态度都要热情得体、举止大方，整个介绍过程应面带微笑。一般情况下，介绍时双方应当保持站立姿势，相互热情应答。

1. 自我介绍

可一边伸手跟对方握手，一边作自我介绍，也可主动打招呼说声"你好！"来引起对方的注意，眼睛要注视对方，得到回应后，再向对方报出自己的姓名、身份、单位及其他有关情况，语调要热情友好，态度要谦恭有礼。

2. 为他人做介绍

应遵循"让长者、客人先知"的原则。即先把身份低的、年纪轻的介绍给身份高的、年纪大的；先将主人介绍给客人；先将男士介绍给女士。

介绍时，应简洁清楚，不能含糊其词。可简要地介绍双方的职业、籍贯等情况，便于不相识的两人相互交谈。介绍某人时，不可用手指指向对方，应有礼貌地以手掌示意。

3. 被他人做介绍

被人介绍时，应面对对方，显示出想结识对方的诚意。等介绍完毕后，可以握一握手并说"你好！""幸会！""久仰！"等表示友好。男士被介绍给女士时，男士应主动点头并稍稍欠身，等候女士的反应。按一般规矩，男士不可先伸手，如果女士伸出手来，男士便应立即伸手轻轻点头表示礼貌。

四、握手礼仪

握手是沟通思想、交流感情、增进友谊的一种方式。两人握手时，应距对方 70 厘米左右，上身稍向前倾，两足立正，伸出右手，四指并拢，虎口相交，拇指张开下滑。

握手的顺序一般讲究"尊者决定"，即待女士、长辈、已婚者、职位高者伸出手之后，男士、晚辈、未婚者、职位低者方可伸手去呼应。若一个人要与多人握手应讲究先后顺序：先长辈后晚辈，先主人后客人，先上级后下级，先女士后男士。右手握住后，左手又搭在其手上，是我国常用的礼节，表示更为亲切，更加尊重对方。

五、名片礼仪

在社交场合，名片是自我介绍的简便方式，是一个人身份的象征，当前已成为人们社交活动的重要工具。

1. 递送名片

递送名片要掌握适宜的时机，看对方是否有建立联系的意愿。递送时应将名片正面面向对方，双手奉上。眼睛注视对方，面带微笑，并大方地说："这是我的名片，请多多关照。"与多人交换名片时，应依照职位高低或由近及远的顺序依次进行，切勿跳跃式地进行，以免使人有厚此薄彼之感。

2. 接受名片

接受名片时应起立，面带微笑。接受名片时应说"谢谢"并从头到尾认真读一遍。然后递送一张本人的名片，若身上未带名片，应向对方表示歉意。在对方离去之前或话题尚未结束时，不必急于将对方的名片收藏起来。

3. 存放名片

接过别人的名片切不可随意摆弄或扔在桌子上，也不要随便地塞进口袋或丢在包里，应放在西服左胸的内衣袋或名片夹里，以示尊重。

 ## 六、电话礼仪

1. 打电话的礼仪

电话是人们最常用的通信工具。打电话时，要考虑对方是否方便。一般应在早上八时后晚上十时前，午餐和用餐时间都不宜打电话。拨通电话后，应首先向对方问好，自报家门和证实对方的身份。通话时，语言要简洁明了，不应一直重复问题。事情说完，道一声"再见"，及时挂上电话。在办公室打电话，要照顾到其他电话的进出，不可以长时间占线。

2. 接听电话礼仪

电话铃响三声后，拿起电话机问候"您好"，自报家门，然后询问对方来电事由。要认真理解对方意图，并对对方的谈话作出积极回应。应备有电话记录本，对重要的电话做好记录。电话内容讲完，应等对方放下话筒之后，自己再轻轻放下，以示尊敬。

3. 手机礼仪

使用个性化手机铃声时应注意场合，铃声要和身份相匹配，音量不能太大，内容要健康，铃声不能给公众传导错误信息。开会、上课或其他重要集会时应将手机关机或设置静音。非经同意，不能随意动别人的手机或代别人接听手机。不要用手机偷拍。

 ## 七、网络礼仪

网络礼仪是互联网使用者在网上对其他网友应有的礼仪，网络礼仪要遵循彼此尊重、容许异议、宽以待人、保持平静、与人分享的原则。网上的道德和法律与现实生活是相同的，因此线上线下的行为要一致。

保持与人对话的意识，当着面不能说的话在网上也不要说；分享你的知识；尊重别人的时间，在提问题前，先自己花些时间搜索和研究；平心静气地争论，以理服人，不要人身攻击；在论坛、博客等发帖的时候应该做到主题明确，对别人的回复应表示感谢；不要做有失尊严的事情，不参与恶意传播信息的活动；尊重他人的劳动成果，不剽窃他人的作品；尊重他人的隐私权，不随意将别人的照片或信息放到网上。

第三节
文明礼仪常识之三——工作礼仪

工作礼仪是日常工作中必须遵守的基本礼仪规范。注重服饰美、强调语言美、提倡交际美、推崇行为美是工作礼仪的基本内容。

一、接待礼仪

1. 接待来访

接待上级来访要周到细致，对领导交代的工作要认真倾听、做好记录。领导前来了解情况，要如实回答。如领导是来慰问，要表示诚挚的谢意。领导告辞时，要起身相送，互道"再见"。接待下级或群众来访要亲切热情，除遵照一般来客礼节接待外，对反映的问题要认真听取，一时解答不了的问题也要客气地进行解释。来访结束时，要起身相送。

2. 引见介绍

来办公室与领导会面的客人，通常由办公室的工作人员引见介绍。在引导客人去领导办公室的途中，工作人员要走在客人左前方数步远的位置，忌把背影留给客人。在进领导办公室之前，要先轻轻叩门，得到允许后方可进入。进入房间后，应先向领导点头致意，再把客人介绍给领导。如果有几位客人同时来访，要按照职务的高低，按顺序依次介绍。介绍完毕走出房间时应自然、大方，保持较好的行姿，出门后回身轻轻把门带好。

3. 乘车行路

工作人员在陪同领导及客人乘车外出时，要主动打开车门，让领导和客人先上车，待领导和客人坐稳后再上车，关门时切忌用力过猛。一般车的右门为上、为先、为尊，所以应先开右门，陪同客人时，要坐客人的左边。

二、同事礼仪

1. 领导对下属的礼仪

对下属亲切平和、尊重下属是领导对下属的基本礼仪。接受下属服务时应说"谢谢"；当下属与你打招呼时应点头示意或给予必要的回应；当下属出现失礼时应以宽容之心对待，对下属出现失误时要耐心批评指正；与下属谈话时，要善于倾听和引导，提问语言和声调应亲切、平和，对下属的建议和意见应虚心听取，对合理之处及时给予肯定和赞扬。

2. 下属对领导的礼仪

尊重领导、维护领导威望是下属对领导的基本礼仪。学会尊重领导、理解领导、体谅领导。与领导会面时，说话要注意场合和分寸，不能失礼和冒犯，不要在背后议论领导是非。向领导汇报工作，要遵守时间，进入领导办公室应轻轻敲门，经允许后方可进入。汇报时要文雅大方、彬彬有礼、吐字清晰，语调、声音大小恰当。汇报结束后，领导如果谈兴犹存，应等领导表示结束时才可告辞。

3. 同事之间的礼仪

同事之间要彼此尊重，见面时主动打扫呼，说话时语气要亲切、热情。在与同事交流和沟通时，不可表现得过于随便或心在焉。不要过于坚持自己的观点，要懂得礼节性的捧场。不要随便议论同事的短长，对同事所遇到的困难要热心相助。

三、会务礼仪

1. 会场安排礼仪

会场要提前布置，对必用的音响、照明、空调、投影、摄像设备认真调试。将需用的文具、饮料预备齐全。凡属重要会议，在主席台每位就座者面前的桌子上，应事先摆放写有其姓名的桌签。

排列主席台座次的惯例：前排高于后排，中央高于两侧，左座高于右座。当领导同志人数为奇数，1号首长居中，2号首长排在1号首长左边，3号首长排右边，其他依次排列；当领导同志人数为偶数时，1号首长、2号首长同时居中，1号首长排在居中座位的左边，2号首长排右边，其他依次排列。听从席的座次，一是按指定区域统一就座，二是自由就座。

签字时，主人在左边，客人在右边。双方其他人数一般对等，按主客左右排列。合影时人员排序与主席台安排相同。

2. 会场服务礼仪

要安排好与会者的招待工作。对于交通、膳宿、医疗、保卫等方面的具体工作，应精心、妥当地做好准备。在会场之外，应安排专人迎送、引导、陪同与会人员。对与会的年老体弱者要重点照顾。会议进行阶段，会议的组织者要进行例行服务工作。

3. 参会者礼仪

参加会议时衣着得体、举止大方是必要的礼仪。参会者要准时到场，进出井然有序。参加会议前最好先将开会目的、内容做一番深入的了解。在会议过程中，要认真听讲，忌与人交头接耳、哈欠连天。每当发言精彩或结束时，都要鼓掌致意。中途离开会场要轻手轻脚，不影响他人。会议进行时禁止吸烟，应将手机关闭或调整到振动状态。

各种会议的主持人，一般由具有一定职位的人员来担任，主要职责是介绍参会人员、控制会议进程、避免跑题或议而不决、控制会议时间。会议主持人要注重自身形象，衣着应整洁、大方，走向主席台时步伐稳健有力。主持过程中，要根据会议性质调节会议气氛，切忌出现各种不雅动作。在会议期间，主持人对会场上的熟人不能打招呼，更不能寒暄闲谈，会议开始前或休息时间可点头、微笑致意。

会议发言有正式发言和自由发言两种，前者一般是领导报告，后者一般是讨论发言。正式发言者，应注意自己的举止礼仪，走向主席台步态应自然、自信、有风度。发言时应口齿清晰，逻辑分明。如果是书面发言，要时常抬头环视一下会场，不要只是埋头苦读。发言完毕，应对听者表示谢意。自由发言则较为随意，但要讲究顺序、注意秩序，不能争抢发言。与他人有分歧时，态度应平和，不要与人争论无休。如果有参加者提问，发言人应礼貌作答，对不能回答的问题，应巧妙地回应，不能粗暴拒绝。

第四节
文明礼仪常识之四——公共场所礼仪

公共场所礼仪体现社会公德。在社会交往中，良好的公共礼仪可以使人际之间的交往更加和谐，使人们的生活环境更加美好。公共场所礼仪总的原则：遵守秩序、仪表整洁、讲究卫生、尊老爱幼。

一、办公室礼仪

与同事交往应注意使用礼貌用语，始终保持谦虚、合作的态度。同事外出时有客来访，要代替同事礼貌接待并将详情转告。注意个人仪表，主动打扫办公室的卫生。未经他人同意，不随意动用他人办公桌上的物品。在办公室不做私活、不谈私事，非必要事情不打私人电话。

二、阅览室礼仪

到图书馆、阅览室学习，要衣着得体，不得穿汗衫和拖鞋入内（图 6-5）。进入图书馆应将通信工具关闭或调节至振动，接听手机应悄然走出室外轻声通话。就座时，不为他人预占位置。阅读时要默读，不能出声或窃窃私语。不能在阅览室内交谈、聊天，更不能大声喧哗。在图书馆、阅览室走路脚步要轻，物品要轻拿轻放，不能发出声响，有事需要帮助时，不要大声呼喊，默默走到工作人员身边寻求帮助。

图 6-5　阅览室应衣着得体，保持安静

三、影剧院礼仪

到影剧院观看演出，应提前 15 分钟左右进场。如果自己的座位在中间，应当有礼貌地向已就座者示意，请其让自己通过。通过让座者时要与之正面相对，切勿让自己的臀部正对他人的脸部。

观看演出时，不戴帽子、不吃带皮和有声响的食物、不笑语喧哗、不把脚踩在前排的座位上。演出结束后要报以掌声，演员谢幕前不能提前退席。演出结束亮灯后有秩序地离开。

四、商场礼仪

在商场购物时不要大声喧哗，自觉维护公共卫生，爱护公共设施。在自选商场购物时，要爱护商品，易碎商品应轻拿轻放。对挑选过的商品如果不中意，应物归原处。采购完毕离开柜台时，应对营业员的优质服务表示谢意。

五、乘车礼仪

乘客乘坐公交车时不应将头、手臂伸出窗外，主动给老、弱、病、残、孕及怀抱婴儿的乘客让座，不随地吐痰、乱丢纸屑果皮，不携带易燃、易爆危险品或有碍安全的物品上车。

1. 上下车

上车时，应让车子开到客人前面，帮助客人打开车门，站在客人身后等候客人上车。若客人中有长辈，还应扶其上车就座，自己再入内。下车时，则应先下车，打开车门，等候客人或长者下车。

2. 座次

车内的座次，后排的位置应当让尊长坐（后排二人坐，右边为尊；三人坐中间为尊，右边次之，左边再次），晚辈或地位较低者，坐在副驾驶位。如果是主人亲自开车，则应把副驾驶位让给尊长，其余的人坐在后排。

六、旅游观光礼仪

旅游时要自觉遵守公共秩序，按顺序购票入馆、入园；不拥挤、不堵塞道路和出入口。要树立环保意识，自觉保持环境卫生整洁。遵守铁路、民航规定，不携带危险品、违禁物品乘车、乘机。

1. 行路

行路靠右侧，走人行道，行路时不吃零食，不吸烟，不勾肩搭背，不乱扔杂物，不随地吐痰。横穿马路时，应注意交通信号，等绿灯亮时，从人行横道的斑马线上穿过，行人之间要互相礼让。不要闯红灯，不要翻越马路上的隔离栏。

2. 住宿

旅客在完成住宿登记手续时，应耐心地回答服务台工作人员的询问，按旅馆的规章制度完成手续登记。旅客住进客房后，要讲究卫生，爱护房内设备。当旅馆服务员进房间送开水、做清洁服务时，旅客应待之以礼。旅客离开旅馆前，应保持房间内整洁、物品完整，不做损人利己之事。要及时到服务台结账，并同旅馆工作人员礼貌话别。

3. 进餐

进餐时，要尊重服务员的劳动，对服务员谦和有礼。当服务员忙不过来时，应耐心等待，不可敲击桌碗或喊叫。对于服务员工作上的失误，要善意提出，不可冷言冷语，加以讽刺。

七、赛场礼仪

到体育馆或体育场观看比赛时，应提前入场。有些比赛存在一定的危险性，所以一定要按照赛场的要求到指定地点就座，不要到禁区走动，以免发生危险。要遵守公共道德，自觉维护秩序，注意自己的言行举止。体育场内一般不允许吸烟。拍照时不要使用闪光灯。

运动员比赛时，观众要保持安静，不能任意走动。一般在选手完成高难度动作之后再鼓掌和喝彩，鼓掌的时间要适可而止。主场观众应体现东道主的风度和公平精神，为双方鼓掌，表现出公道和友好。

中国传统礼仪文化既有着旺盛的生命力，也有着很强的渗透力。我们应该深入分析礼仪文化价值观念，借鉴传统礼仪文化的教育方法，将社会主义核心价值观教育融入社会生活，真正收到实效。充分发挥礼仪文化教育的优势，将核心价值观教育和礼仪文化教育有机地结合起来，以礼仪文化教育促进社会主义核心价值观教育的落实。

中国礼仪文化强调自律，西方礼仪文化强调他律。我们应该将自律和他律有机地结合，保障各种礼仪规范和公约守则为人们自觉地遵守，或者从不自觉到自觉地遵守。同时，通过一些仪式和活动，传播主流价值，增强人们的认同感和归属感。

在社会主义核心价值观的指导下，形成现代礼仪文化的价值取向，是社会发展的趋势。深入挖掘中国传统礼仪文化的价值观内涵，对善良、和谐、秩序的价值追求进行提炼，与友善、和谐、文明、法治等现代价值观联系起来进行科学阐释，使社会主义核心价值观建立在中国传统文化的深厚根基之上，使核心价值观落实为礼仪价值取向，更好地融入社会生活和个人生活，提升自身素养。通过有效的制度设计和安排，使礼仪文化成为每个人的礼仪行为，变成全社会的礼仪习惯，在传播核心价值观中发挥重要作用。

第七章
责任关怀

现代化工企业不仅要求劳动者具有相应的工作知识和技能，而且还对其提出了精神层面的要求，即员工要拥有社会责任意识、职业道德等，从而具备良好的职业素养和职业精神，在完成生产工作的同时有意识地关注操作安全、人员健康和环境保护，这样才能在激烈的社会竞争中保有核心竞争力，才能不被社会所淘汰。对于劳动者自身而言，要达到自我价值的实现，让自己全面发展则必须关注他人、关注社会，利用自己所学的知识技能为社会承担自己的责任。

化工类专业的学生毕业后多是奔向各类化工企业。绝大多数人将在毕业后成为化工企业的一线员工，直接面对化工产品和设备，很多人将成为化工企业的中层甚至高层管理人员，在企业或者行业发展中担任重要角色。"责任关怀"是化工行业针对自身的发展情况提出的一套自律性的，持续改进环保、健康及安全绩效的管理体系。学习"责任关怀"知识，我们可以更好地培养自己的自律精神、社会责任意识，自觉为社会做出贡献，主动关心周边的工作环境并能将此类知识传播给其他员工。这对防止企业危险事件的发生，保证企业员工的人身安全，企业的可持续发展，促进全行业和全社会的和谐具有重要意义。

第一节
责任关怀概述

 一、"责任关怀"理念

化学工业是现代工业体系的基础。在化工技术发展进程中，酸、碱、盐等无机物污染，煤化工带来的有机物污染和石油化学、化工污染越来越严重，引起人与人、人与自然、人与社会的一系列矛盾，也引起世人的深刻反思。1979年，著名哲学家海德格尔的学生汉斯·约纳斯（Hans Jonas）出版了《责任原理：技术文明的伦理研究》一书，成为当代的经典之作。约纳斯认为每个人都应为全人类的发展延续负责任，都要考虑如何行动来维护人类在地球上的持久存在。因此，约纳斯提出了一种"责任命令"："如此行动，以使你的行为的效果与人类永恒的真正生活一致"。该思想的兴起为化工责任关怀的推行奠定了思想理论基础。

企业社会责任运动开始在欧美发达国家兴起，它包括环保、劳工和人权等方面的内容。迫于压力和自身发展的需要，很多欧美跨国公司制订了对社会做出必要承诺的责任守则。

20 世纪 90 年代初期，美国劳工及人权组织针对服装业和制鞋业对劳工和消费者的盘剥，发动"工厂守则运动"，直接目的是促使企业履行相应的社会责任。1997 年美国和欧洲有些国家联合推出《社会责任国际标准》，简称"SA8000"。所谓企业社会责任标准，是由总部设在美国纽约的民间机构咨询委员会于 1997 年 8 月提出并推行的，是全球第一个可用于第三方认证的社会责任管理体系标准，适用于各个国家、行业和企业。他们认为企业是社会的一分子，其存在与发展离不开社会的支持，所以企业在追求利润最大化之外，必须对社会尽责。

随着全球命运共同体意识的加强，无论何种组织或其利益相关方都越加意识到，对社会负责的行为不仅必要而且有益。将一个组织的绩效同它所在的社会相联系，将其运营与它对环境的影响相联系，已经成为衡量其总绩效和持续有效运营能力的最重要的方面。基于此，国际标准化组织（ISO）制定了为组织社会责任活动提供相关指南的一项国际标准 ISO26000《社会责任指南》。该标准于 2010 年 11 月 1 日由 ISO 正式发布，可供各国自愿采用。

化学协会国际理事会（ICCA）提出了"责任关怀"定义："责任关怀"（Responsible Care 简写 RC）是全球化学工业在其国家化学协会下的自愿行为，致力于持续提高健康、安全和环境的表现，在产品和生产的过程中保持与利益相关者的交流，提供安全、丰富的产品，给社会带来真正的利益。责任关怀的目的是改变化工行业在公众中的形象，履行化工企业的责任，促进行业的可持续发展；责任关怀的内涵是以健康、安全和环境为核心，注重与社区及公众的交流，"责任关怀"主要适用于化工行业，以责任关怀领导小组为组织形式，其表现形式为《责任关怀报告》，它以行业内部的自律行为约束，自觉承诺接受"责任关怀"的原则、指导方针的约束；责任关怀的性质是社会责任在具体行业的具体实践，具有一定的可操作性。

二、"责任关怀"的由来

1977 年加拿大化学生产者协会（The Canadian Chemical Producers Association，简写 CCPA）计划起草关于危险化学品的管理草案，当时的讨论比较集中在"化学品的危险性"上，CCPA 还提出了化工行业应有行业指南的建议。当时安全问题的重要性也被政府充分认识，但之后关于"责任关怀"的提法没有引起广泛关注。1981 年 7 月 31 日，加拿大陶氏化学公司的原副总裁、CCPA 技术管理委员会的前任主席 Bob Boldt 向加拿大化学化工行业提交了名为"责任关怀"的报告。责任关怀的概念被作为 CCPA 技术管理委员会第二年工作计划中的一部分，但由于当时大家对此一无所知，Boldt 对此的描述也不充分，"责任关怀"只是个前沿的概念，人们已经习惯于传统经典的管理模式，因此"责任关怀"的计划未被接受。尽管如此，协会将这一指导原则作为非正式文附在给政府的许多报告中。直到 1983 年，政府要求石油化工行业在履行经济角色的同时必须考虑健康、安全和环境问题，"责任关怀"的指导原则才被正式接受，行业成员们签署了这一承诺书。

1984 年印度博帕尔的悲剧引发了行业对"责任关怀"的进一步重视。CCPA 制定安全和评估系统，并明确规定进入协会的成员必须正式签署"责任关怀"的承诺书。1985 年，Boldt 在道康宁化学公司负责"责任关怀"与产品服务的项目，并开始着手"责任关怀"有关文件的修改工作。1987 年，"责任关怀"的项目主管 Jim McDonough 接手了 Boldt 的最初工作，确定了"责任关怀"的实践准则。"责任关怀"于 1988 年下半年在美国被采纳，1989～1990 年在西欧和澳大利亚被接受。此后，在世界上其他国家和地区，"责任关怀"逐渐被实施，杜康、巴斯夫、道康宁等知名企业最先实施。

1992 年只有 6 个国家的参与"责任关怀"，目前全球已有五十三个国家加入"责任关怀"的实践中。"责任关怀"这一名词已不再仅用英文表示，其相同的内涵已通过不同的语言进行传播，其标志"帮助之手（helping hand）"已成为全球化工行业注册的品牌商标，"责任关怀"的名称和标志的特许权理所当然地为 CCPA 所持有。其后国际化工协会在欧洲、北美、日本等地区和国家的大型跨国化工企业中推行"责任关怀"。2006 年，"责任关怀"全球宪章公布。

三、"责任关怀"的动因

"责任关怀"是一项成功的国际经验。化工企业推行"责任关怀"既符合广大消费者的利益，又能满足投资者的要求，还能最大限度地缩小化工企业的社会表现与社会对化工企业期望的差距。推行"责任关怀"行动，能够促使化工企业把"责任关怀"理念贯彻到企业的总体发展规划和方针目标中，采取有效措施规避和防范环境、安全风险，不断提升企业形象，并促使区域竞争力得到显著提升。

1. 适应投资者的需要

企业的投资者尤其是具有政府背景的机构投资（如一些投资基金）是推动"责任关怀"的重要力量。在欧美发达国家，投资者十分关注"责任关怀"问题对化工企业盈利及发展的影响，他们发起了"责任关怀"投资，倡导"道德投资"。"责任关怀"投资是指投资人从环保、劳工标准、人道主义以及是否违反自然规律等角度出发，注重投资那些被视为对社会负责任的化工企业，这种类型的投资需要考察化工企业财务、社会、环境三方面。"责任关怀"理念综合考虑了经济、社会和环境等因素，投资者通过剔除"责任关怀"方面表现不佳的化工企业来给化工企业施加压力，促进化工企业自觉履行相应的"责任关怀"，从而实现化工企业与社会的可持续发展。为了更好地推行"责任关怀"投资，一些非政府机构相继建立了一系列衡量标准，如 FTSE4Good 金融时报道德指数、道·琼斯可持续全球指数等，以供投资者筛选、投资化工企业，同时也对不履行"责任关怀"的化工企业施加压力。目前，兴起于加拿大、美国、英国、法国的"责任关怀"投资运动，已经扩展到澳大利亚、奥地利、德国、日本、瑞士等发达国家，现在仍在高速发展，并对发展中国家也产生了一定的影响。

【案例7-1】 美国联合碳化物公司

1984 年 12 月 4 日，美国原联合碳化物公司在印度博帕尔的农药厂发生异氰酸甲酯毒气泄漏，造成 12.5 万人中毒、5000～8000 人死亡、20 万人受伤、5 万多人终身受害。

美国联合碳化物公司 1983 年总营业额为 90 亿美元，在世界 200 家大型化学公司中居第 12 位。在博帕尔事件后，联合碳化物公司的商誉受到重大打击，公司石油化工以外的业务，亦全数拆分上市或出售。1992 年该公司资产额为 49 亿美元。2001 年，被美国陶氏化学收购。

2. 满足广大消费者利益需要

除了投资者之外，消费者也是化工企业中非常重要的利益相关者。对于绝大多数化工企业来说，决定化工企业生存和发展的关键因素是消费者的选择，而消费者的选择是一种自由的、精明的、多样性的选择，消费者可以按照本人的意愿和偏好在市场上选购各种消费品，相当于他们对各种商品的生产者和销售者投"货币选票"。"货币选票"的投向和数量，取决于消费者对厂家和商家的偏爱程度。因此消费者拥有判断化工企业竞争力强弱的最终裁决权。消费者行为不仅受经济因素影响，也受到社会因素的影响。随着人们关注社会的意识不断增强，消费者不仅仅满足于化工企业提供物美价廉的产品，还希望得到具有"责任关怀"的产品，即在产品的生产过程中要合理保护员工权益、保护环境，对利益相关者做到应尽的责任。消费者的话语权是最大的，往往消费者在购买产品的过程中，希望得到的不仅是产品本身，同时也希望得到"责任关怀"。消费者在选购化工企业提供的产品时，如果他们认为企业提供的责任关怀不够，那么消费者完全可以拒绝购买。因此消费者选择的权力在本质上是一种消费退出权，特别是在买方市场中，消费者的联合退出对化工企业的打击是非常沉重的。从目前来看，消费者的最终选择是化工企业"责任关怀"实行的最大压力。例如，2011年"3·15晚会"报道的某家轮胎企业使用回料生产，让消费者选择用脚投票，放弃使用该品牌。还有"毒奶粉三聚氰胺事件""毒胶囊事件"等都与化学化工有关。这些事件的发生一度引起了消费者的强烈不满与恐慌，使该类产品的销售受到严重影响，甚至工厂关门、企业倒闭。因此消费者的选择对化工企业践行"责任关怀"形成了实质性的压力。为了满足消费者的需要，一些化工企业推出了社会标志计划，在产品上加贴标志以表明产品的生产过程是否符合"责任关怀"原则，以区别于其他非标志产品。还有些企业主动申请"责任关怀"认证。

【案例7-2】 中国奶制品污染事件

　　2008年中国奶制品污染事件是中国食品发展史上一起严重的食品安全事故。事故起因是多名食用三鹿集团生产的奶粉的婴儿被发现患有肾结石，随后在其奶粉中检测出化工原料三聚氰胺。事件引起了各国的高度关注和对乳制品安全的担忧。中国市场监督管理总局随后公布了对国内乳制品厂家生产的婴幼儿奶粉的三聚氰胺检验报告，事件迅速恶化，包括伊利、蒙牛、光明、圣元及雅士利在内的多个厂家的奶粉均检出了三聚氰胺。该事件亦重创中国制造商品信誉，多个国家禁止进口中国乳制品。2011年中国中央电视台《每周质量报告》调查发现，仍有70%的中国民众不敢买国产奶粉（图7-1）。

图7-1　中国民众购买奶粉更谨慎

3. 适应社会对化工企业期望的需要

　　长期以来，化工企业在创造大量财富的同时也对社会产生了负面影响，特别是化工企业在经营过程中存在的负外部性问题，把大量的化工企业成本转嫁给社会，如环境污染、资源过度开发等，导致社会福利受损。随着化工企业规模的日益扩大，伴随的社会问题也日趋严重，而化工企业的实际社会表现与社会对化工企业的期望存在一定的差距，因此化工企业招致越来越多的批评。特别是 20 世纪 70 年代后，经济全球化迅速扩张，跨国公司的全球投资及生产行为弱化了政府的干预能力，但消费者组织、环保组织、人权组织、工会组织等非政府组织在约束化工企业行为方面发挥了重要作用。这些组织针对化工企业的不负责任行为，经常发起声势浩大的批评行动，他们向政府施压要求加强对化工企业的惩罚性和强制性法规的建立和完善，组织各种反对化工企业的运动等，通过各种渠道向化工企业施压，要求化工企业（特别是跨国公司）必须履行包括环境保护在内的"责任关怀"，其中新闻媒体在这些批评行动中起了不小的作用。欧美国家的电视和报纸每天都有披露发展中国家化工企业环境污染、资源过度开发、化工事故频频发生的报道，一项统计表明，自 1996 年至 2000 年，英国广播公司（BBC）和英国其他主要媒体报道了来自世界各地的超过 1100 条有关环境污染的新闻，超过 850 条有关强迫劳动的新闻，超过 350 条有关恶劣的工作条件的新闻，超过 160 条有关虐待工人的新闻，超过 250 条有关超时加班的新闻，以及超过 250 条有关支付低于标准工资的新闻。这些报道给跨国公司造成了很大的压力，迫使其不得不顺应社会要求，约束自身的经营行为。

四、践行"责任关怀"的收益

1. 降低综合成本，提高生产能力

"责任关怀"实施的短期效用并不显著，但从长期来看，严格履行"责任关怀"的承诺对化工行业而言能降低其综合成本，提高生产能力。例如，降低水和能源的消耗，减少废物排放，降低了废弃物处置成本；同时清洁的工厂和环境也使清洁成本下降从而提高生产能力。此外还可以减少诉讼，降低工人赔偿成本，甚至在保险费和融资费用方面不再受到金融机构的"另眼相看"。因为化工行业火灾、爆炸偶发事故较多，有些保险公司甚至拒绝承保，承保的保险公司保费也比较苛刻。实行"责任关怀"之后，CCPA 的成员投保的保险公司不但不再拒保，还相应降低了保资。有保险公司声称，如果拥有"责任关怀"这样良好的管理系统，他们能将保费下降 50％。对化工企业而言，企业也愿意增加抵扣，因为他们对"责任关怀"下的风险管理系统有信心。过去，银行在化工行业的融资成本很高，很多企业产生了不少环境问题，贷放的款项达不到预期的目标。而现在，由于"责任关怀"的实行，在对化工行业贷前预审的实地环境评估中，金融机构比过去花费更少的时间、精力和金钱，企业通过该渠道也更容易获得融资。

2. 优化管理系统，增强创新能力

"责任关怀"的核心是强调健康、安全和环境。在具体行动中表现为污染预防、应急反应和危机管理、配送及运输安全等方面。这都需要不断提高和完善其管理系统。此外，"责任关怀"中对健康和环境的承诺也使得企业要不断增强自身的创新能力，研发更多环境友好型产品，开发和利用更多低能耗技术及清洁生产技术。

3. 扭转行业形象，改善与公众的关系

遵循"责任关怀"原则，意味着更少的健康、安全和环境事故，也意味着减少了化工行业潜在的法律诉讼问题，降低了行业负面消息带来的影响，增强了市场优势，对改善企业与社区的关系、提升公司的形象大有帮助。这是一种公开和相互支持的关系。

第二节
"责任关怀"的基本内容

　　责任关怀的目的，不仅是为了近期的企业效益，而是为了树立良好的行业公众形象，从而使化工行业实现可持续发展，最终实现零污染排放、零人员伤亡、零财产损失的终极目标。

一、"责任关怀"六项实施准则及实施原则

1. "责任关怀"的六项实施准则简介

　　"责任关怀"的六项实施准则是以国际化工协会联合会颁布的《责任关怀全球宪章》为依据，借鉴有关国家和地区实施"责任关怀"的经验，并结合我国的相关法律法规编制而成的。

　　"责任关怀"的六项实施准则分为社区认知和应急响应准则、储运安全准则、污染防治准则、工艺安全准则、职业健康安全准则、产品安全监管准则六个方面。

　　（1）社区认知和应急响应准则　社区认知和应急响应准则，是规范企业在实施责任关怀过程中进行的应急响应的各项管理准则，不仅与社区、化工企业有关，还与政府、学校、医院等密切相关。它要求企业要有应急响应管理机构，建立应急响应机制，编制应急救援预案，制订应急计划，建立应急响应的定期演练制度，从而建立起整套应急救援体系，真正发挥其应急救援的作用。为确保员工及社区民众的安全，让化工企业的紧急应变计划与当地社区或其他企业的紧急应变计划相呼应，进而达到相互支持与帮助的功能，一旦企业发生安全事故，能作出快速应变与有效处理，将事故的危害降至最低程度。通过化学品制造商与当地社区人员的对话交流，拟定合作紧急应变计划。

【案例7-3】　社区认知优秀案例——让孩子走进"神奇实验室"

　　近几年，公众安全环保意识觉醒，但公众对化学化工认知的扭曲与信息不对称，导致了社会对化学化工的误解。秉承对行业负责任的态度，万华化学创办了"神奇实验室"活动。"神奇实验室"是为中小学生倾力打造的大型化学科普活动（图7-2），希望由亲身参与的孩子们影响一个个家庭，让大家正确地认识化学、了解化学、使用化学，改变"谈化色变"的现象。

图7-2　"神奇实验室"活动

　　"神奇实验室"活动自2015年开展以来，先后走过烟台、宁波、上海、青岛等地。2017年，万华化学"神奇实验室"活动基地在四川省达州市开江县普安镇杨柳小学正式落成。

【案例7-4】 应急响应优秀案例——上海化工区消防支队开展化工装置火灾扑救演练

2013年1月15日下午，上海消防总队化工区支队联合上海石化、赛科公司开展了无预案拉动演练（图7-3）。

图7-3 化工装置火灾扑救演练现场

灾情假设赛科公司聚苯乙烯装置33线导热油管油料泄漏，并冒出浓烟。操作人员发现后立即启动火灾预案，组织人员自救。但因泄漏量大，现场形成地面流淌明火并有蔓延趋势，有人员被困。支队接警后迅速赶往现场进行处置，第一时间营救被困人员，设立警戒区域，并运用屏封水枪、水幕水带和移动炮等对泄漏区域进行封锁堵截，同时配合厂方技术人员进行关阀堵漏，在全体消防指战员和公司技术人员的默契配合下，险情被排除。

（2）储运安全准则 储运安全准则是规范企业在实施"责任关怀"的过程中对化学品的储运工作的安全管理准则，它包括了储存、运输、转移（装货和卸货）等各个阶段。它适用于化学品（包括化学原料、化学制品及化学废弃物）经由公路、铁路、航空及水路等各种形式的运输及其储存活动的全过程。确保将化学品在储运过程中对人和环境可能造成的危害降至最低。

① 储存安全。原料储存的安全首先要考虑原料和产品（即化学品）的性质。无论是原料还是化工产品，多数都是有毒、有害、易燃、易爆，或是高温、高压的气体或液体，有的甚至还有强烈的腐蚀性。所以，化学品在储存的过程中一定要遵守化学品的储存规定，特别是对于接触空气或水会变质的化学品，或者两种不同的化学品互相接触能发生剧烈的化学反应导致化学品变质或者发生危险事故的化学品，在其储存过程中更应该小心谨慎，要按照物质的物理性质和化学性质，采取必要的措施，防止事故的发生。

对于挥发性大的液体物料，采用加压或冷却的方法储存，有的还要避免阳光曝晒，采用遮阳措施，并保持通风，以防挥发性气体的积聚，引起燃烧、爆炸或中毒。

对于气体原料，为了安全起见，一般采用钢瓶或球形储罐储存，其钢瓶或储罐必须定期进行安全检查，以确保气体原料储存的安全性。

有的化学品在储存的过程中并不会发生剧烈的化学变化，而是缓慢地发生潮解、溶解、变质、聚合、缩合、氧化等，轻则原料损耗，重则原料根本无法使用。所以在化学品的储存过程中，有时需要采取特殊措施，确保化学品储存过程的安全。

【案例7-5】 化学品储存安全案例

　　"8·12天津滨海新区爆炸事故"是一起发生在天津市滨海新区的重大安全事故（图7-4）。2015年8月12日23:30左右，位于天津市滨海新区天津港的瑞海公司危险品仓库发生火灾爆炸事故，本次事故中爆炸总能量约为450吨TNT（三硝基甲苯）当量。造成165人遇难（其中参与救援处置的公安现役消防人员24人、天津港消防人员75人、公安民警11人，事故企业、周边企业员工和居民55人）、8人失踪（其中天津消防人员5人，周边企业员工、天津港消防人员家属3人），798人受伤，304幢建筑物、12428辆商品汽车、7533个集装箱受损。

图7-4 "8·12"天津滨海新区爆炸事故现场

　　② 运输安全。运输安全包括对与产品和其原料配送相关的危险进行评价并设法减少这些危险。搬运工作应规范化，重视行为的安全和法规的遵守。

【案例7-6】 化学品运输安全案例——山东临沂金誉石化"6·5"重大爆炸着火事故

　　2017年6月4日，金誉石化公司连续实施液化气卸车作业。6月5日，金誉物流公司肇事车辆驾驶员卸车时，先后将10号装卸臂气相、液相快接管口与车辆卸车口连接，打开气相阀门对罐体加压。打开罐体液相阀门的一半时，液相连接管口突然脱开，大量液化气喷出并急剧气化扩散。值班人员未能有效处置，导致液化气泄漏长达2分10秒。泄漏的液化气与空气形成爆炸性混合气体，遇到生产值班室内的非防爆电器产生的电火花发生爆炸，现场10名人员撤离不及当场遇难，9名人员受伤。

（3）污染防治准则 污染防治准则是规范企业在实施责任关怀过程中进行的环境保护管理工作的准则，其目的是为了减少向环境空间即空气、水和陆地的污染排放。当排放不能减少时，则要求企业以负责的态度对排放物进行处理。其范围涵盖污染物的分类储存、消除处理及最终处置等过程。

【案例7-7】 污染案例——松花江重大水污染事件

2005年11月13日，中石油吉林石化公司双苯厂苯胺车间发生爆炸事故。事故产生的约100吨苯、苯胺和硝基苯等有机污染物流入松花江。由于苯类污染物是对人体健康有危害的有机物，因而导致松花江发生重大水污染事件。

截至同年11月14日，共造成5人死亡、1人失踪，近70人受伤，江水被严重污染，沿岸数百万居民的生活受到影响。爆炸导致松花江江面上产生一条长达80公里的污染带（图7-5），主要由苯和硝基苯组成。污染带通过哈尔滨市，该市经历长达五天的停水，是一场工业灾难。

图7-5 爆炸导致的江面污染带

【案例7-8】 污染防治案例——中石化扬子石化污水升级改造一、二期工程

扬子石化污水处理厂地处南京市，污水厂污水处理达标后外排长江，处理污水来自扬子石化及扬子-巴斯夫的生产生活废水。一期项目处理量为2000m³/h，2011年建成投用；二期项目处理量为1400m³/h，2015年建成。目前两期项目的出水COD均稳定在50mg/L，完全实现了达标排放。

扬子石化一期是石化行业第一个采用臭氧＋BAF（曝气生物滤池）工艺的项目，成功解决了石化行业污水深度处理难题，为石化"碧水蓝天"项目的深度处理工艺奠定了基调，扬子石化二期同样采用了此工艺。臭氧＋BAF工艺最大的特点是不会产生二次污染，处理效果显著，并且在色度处理方面有着其他工艺无法比拟的优势。同时此工艺处理成本低，运行维护简单，设备稳定性强。

（4）工艺安全准则 工艺安全准则的目的是规范企业在推行责任关怀中实施的工艺安全管理，防止化学品泄漏，预防火灾和爆炸的发生及其对环境产生的负面影响。化工生产具有高温、高压、工艺流程复杂、生产操作复杂等特点，存在燃烧、爆炸、中毒、腐蚀等危险因素。要求管理者在工艺技术、生产装置安全设施等方面采取先进技术、严密组织、统一协调与控制等措施，进行严格的规范化管理，达到工艺安全要求的规范，妥善的设计、建造、操作，达到工艺安全要求的维修和训练标准并实施定期检查等一系列活动，以达到安全的过程管理。

此项准则适用于制造场所及生产过程，其中包括配方和包装作业、防火、防爆、防止化学品的误排放等。工艺安全准则的适用对象包括厂内所有员工和外包商。具体内容包括生产工艺应选择先进、合理的工艺路线，建造的厂房安全性符合设计规范的要求，生产设备安全符合国家有关标准的要求，制订符合和达到工艺路线和各项参数指标要求的安全操作规程和安全检修规程，原材料和中间产品、最终产品的存储、转移的安全等。

（5）职业健康安全准则　职业健康安全准则的目的是规范企业在实施责任关怀过程中的安全生产管理和职业卫生管理，规范企业、员工、外来人员和参观学习人员的安全行为和卫生行为，改善工作人员作业时的工作环境和防护设备，使工作人员能安全地在工厂内工作，进而确保工作人员的安全健康（使从业人员健康地入业，安全健康地退休离业）。此项准则要求企业不断改善对从业人员、参观访问人员的保护，内容包括加强人员的训练并分享相关健康及安全的信息报道，研究调查潜在危害因子并降低其危害，定期追踪员工的健康状况并加以改善。

【案例7-9】　职业健康安全案例——巴斯夫为员工提供健康评估

目前，我国接触职业危害所涉及的企业数占到全国所有企业的 30% 以上，接触职业危害的人数超过 2 亿人，每年职业病新发病例 3 万例左右。人类的健康是社会进步和经济发展的基本要素，职业健康是职业劳动者最基本的健康需求。这不仅是一项基本人权，更是一项重要的社会责任。

巴斯夫设有职业健康医师一职，以确保员工的生活和健康得到最好的保护。从预防、体检、诊疗、急救到健康促进项目，巴斯夫关注对员工健康有益的各个方面。除了严格遵守当地政府、行业的法律法规标准，巴斯夫还通过"健康绩效指数"，不断评估和改进全球所有生产基地的环境、流程和项目。

"执行定期身体检查和医学评估，是巴斯夫了解员工健康状况最直接、最有效的手段。"巴斯夫大中华区高级医学经理陈某介绍，巴斯夫为不同岗位的员工定期提供具有针对性的体检项目。一旦发现问题，内部医疗团队会及时采取诊疗措施，致力维护和提升员工的健康和生产力。如果出差在外，巴斯夫全球差旅医疗急救和健康管理项目也能为员工提供必要的支持，协助他们在当地就医，或对其进行健康评估。

（6）产品安全监管准则　产品安全监管准则是规范实施责任关怀的企业在推行责任关怀过程中进行的产品安全监督管理工作。此项准则适用于企业产品的所有方面，包括产品的研发、制造、配送、销售以及最终的废弃，即对产品的完整"生命周期"进行跟踪服务，以减少化工产品对健康、安全和环境构成的危险。其范围涵盖了所有产品从最初的研究、制造、储运与配送、销售到废弃物处理整个过程的管理。

2. 实施"责任关怀"准则的指导原则

我国"责任关怀"实施准则于 2008 年开始制定，现已成为化工行业标准 HG/T 4184—2011《责任关怀实施准则》（该标准由中华人民共和国工业和信息化部正式发布，并于 2011

年 10 月 1 日开始实施），具指导原则如下：

① 不断提高环境、健康与安全知识水准，以及生产技术、工艺和产品在使用周期中的性能表现，从而避免对人和环境造成伤害。

② 有效利用资源，注重节能减排，将损耗降至最低。

③ 充分认识社会对化学品以及运作过程的关注，并对其作出回应。

④ 研发和制造能够安全生产、运输、使用以及处理的化学品。

⑤ 在为所有产品与工艺制定计划时，应优先考虑健康、安全和环境因素。

⑥ 向有关官员、公司员工、客户以及公众及时通报与化学品相关的健康和环境危险信息，并且提出富有成效的措施建议。

⑦ 与客户共同努力，确保化学品的安全使用、运输以及处理。

⑧ 采取能有效保护环境、员工和公众健康安全的方式进行工厂和设施的运行。

⑨ 通过研究有关产品、工艺和废弃材料对健康、安全和环境的影响，提升健康、安全、环境的知识水准。

⑩ 与有关方共同努力，解决以往危险物品在处理和处置方面所遗留的问题。

⑪ 与政府和其他部门一起参与制定有关法律、法规和标准来维护社会、工作地点和环境的安全，从而满足或超越上述法律、法规及标准的要求。

⑫ 通过分享经验以及向其他生产、经营、使用、运输或者处置化学品的部门提供帮助来推广"责任关怀"的原则和实践。

二、实施责任关怀的基本要求

化工企业实施"责任关怀"，首先要由最高管理层集体决策，并要作出承诺，为实施责任关怀需要的人才、资金等予以保障和支持。

(1) 签订"责任关怀"承诺书　最高管理层自主承诺并由最高管理者亲自签署书面承诺书，向社会公开公布。"责任关怀"承诺书成为实施"责任关怀"行动的依据文书。

(2) 设立"责任关怀"的管理机构　实施"责任关怀"的企业内部管理层要及时建立专门的"责任关怀"管理机构，明确管理部门、专职管理人员进行管理。

(3) 制定"责任关怀"的方针和目标　承诺企业应及时掌握本企业的健康、安全和环保工作的实际情况，制定出本企业的"责任关怀"方针。根据方针的总要求，制定出各项工作的目标。

(4) 制定"责任关怀"的实施计划与管理制度　承诺企业应依据"责任关怀"的实施准则，结合本企业过去在安全、健康和环保等方面实施的管理体系、管理规范、管理制度的实际情况，按照"责任关怀"的工作目标制定出具体实施计划和相应的管理制度。计划要具体、明确、有时间节点，任务要落实到具体的部门和执行者。

(5) 实施　"责任关怀"在实施的过程中，首先应进行全员培训，让每个员工要认知"责任关怀"，了解本企业的目标和实施计划，明确个人在实施"责任关怀"过程中的职责。

(6) 绩效考核和自我评估　绩效考核是"责任关怀"实施一个阶段以后，对实施准则的执行情况进行综合考核，提出进一步完善执行实施准则的措施，不断提高健康、安全和环保的管理绩效。

(7) 管理评审和持续改进　企业应建立评审制度，成立评审小组，明确评审目的，制订评审计划，每年进行一次"责任关怀"评审活动，并要写评审报告。

（8）年度报告　企业应在每年年初将上一年的"责任关怀"实施情况进行认真总结，并编制出企业的"责任关怀"年度报告。

第三节
"责任关怀"在我国的推行现状及展望

一、我国推行责任关怀的历史

中华文化博大精深，在我国古代，化学工业就在有关领域得到了有效的应用，1800多年前，东汉名医华佗已十分有效地运用"麻沸散"作为中药麻醉剂，后来还传到朝鲜、日本等地。对世界文明的发展做出重大贡献的四大发明中的造纸、火药就是典型的化学工业产品。近代以来，1876年国内第一家铅室法制造硫酸的工厂在天津建成，日产硫酸2吨，这可以看作我国近代化学工业的开端。1923年，吴蕴初在上海天厨创办天厨味精厂，1929年创办天原电化厂。1914年范旭东创办久大精盐股份公司，1917年筹办永利制碱公司，1934年9月，范旭东提出"四大信条"——我们在原则上绝对地相信科学，我们在事业上积极地发展实业，我们在行动上宁愿牺牲个人、顾全团体，我们在精神上以能服务社会为最大光荣——成为中国化工企业文化的核心，体现了我国化工人"科学救国""实业救国"的理想。1934年开始，范旭东在南京建设永利宁厂。永利宁厂生产合成氨、硫酸、硫酸铵及硝酸，于1937年投产，成为世界先进的联合企业，被誉为"远东第一大厂"。由此范旭东成为中国化学工业的奠基人，被称作"中国民族化学工业之父"。1943年永利集团总工程师侯德榜发明侯氏制碱法，并写成专著《制碱》公开出版，打破了帝国主义国家的垄断，促进了世界化学工业的发展。新中国成立后，我国的化学工业逐步发展成为门类齐全、基本适应国民经济发展的支柱产业。改革开放以来，我国已发展成为石油和化学工业生产和消费大国，形成油气勘探开发、石油化工、煤化工、盐化工、精细化工、生物化工、国防化工、化工新材料、化工机械等几十个行业，生产4万多种产品，形成了基本可以满足国民经济和人民生活需要的强大工业体系。我国正在从化工大国向化工强国迈进。

二、我国推行责任关怀的现状

1995年"责任关怀"理念进入我国。此前，我国化工企业的安全、环保、健康工作，主要由地方政府根据国家颁布的相关法律法规进行监管。而"责任关怀"强调的是企业自愿、自发的自律行为，以企业转变观念为先，从源头上减少高危、高污染事件发生的概率。

2002年，中国石油和化学工业联合会（原中国石化协会，简称中国石化联合会）与国际化学品制造商协会签署了《合作协议》，在国内石油和化工行业共同合作开展"责任关怀"的具体活动和项目。

2005年6月14日，首届中国"责任关怀"促进大会在北京举行，得到了国内外化工行业组织及企业的广泛关注，五百多名中外代表参会，其中包括一百多名国外协会及跨国公司的代表。《中国化工报》首次以"责任关怀"为主题进行了专题报道。

2006 年，中国石油和化学工业联合会将"推广责任关怀"作为七个重点工作之一；中国石油和化学工业联合会和国际化学品制造商协会依据 2006 年 2 月 5 日在阿联酋迪拜召开的国际化学品管理大会上通过并发布的《"责任关怀"全球宪章》，共同编制了中国《"责任关怀"实施准则（试行本）》。

2007 年 4 月 6 日，由中国石油和化学工业联合会发起的"中国石油和化工行业推进责任关怀行动"在北京正式启动。首批十七家企业和化工园区作为试点单位在倡议书上郑重签字，承诺企业在为社会创造物质财富的同时，也要为社会承担起健康、安全与环境的责任。《"责任关怀"实施准则（试行本）》正式面世。我国"责任关怀"工作进入具体的实施阶段。

2007 年 10 月 30 日，第二届中国"责任关怀"促进大会在上海召开，该会议是世界范围内以"责任关怀"为主题的规模最大的一次会议。会上，又有十五家国内化工企业成为"责任关怀"试点单位。

2008 年 5 月 29 日国际化学品制造商协会在北京举办"携手发展、共担责任：中国化工行业新形象·社会责任媒体圆桌会"。会上，共有二十四家国际成员企业在华最高负责人代表共同签署《"责任关怀"北京宣言》。

2008 年，中国石油和化学工业联合会完成了对《"责任关怀"实施准则（试行本）》的修改并形成了定稿。联合会组织企业进行"责任关怀"自我评估工作，编制了《石油和化工行业实施"责任关怀"的基本步骤和做法（讨论稿）》等一系列文件，使我国的"责任关怀"工作首次有了基础性参照文件。这一年，又有四十家企业和三个园区承诺开展"责任关怀"试点。

2009 年 8 月 6 日，由中国石油和化学工业联合会举办的石油化工行业"责任关怀"系列活动正式启动。系列活动从 8 月初开始到 10 月中旬结束，包括"责任关怀中国行"采访报道。

2009 年 10 月 13 日，中国石油和化学工业联合会在北京举行"2009 第三届石油化工行业'责任关怀'年度报告发布会"，这在国内尚属首次。这一年，已有五十三家大中型石化企业和化工园区承诺实施"责任关怀"。一些地方环保部门也开始尝试在本辖区内推行"责任关怀"。

2010 年 9 月 16 日，国际化学品制造商协会与中国石油和化学工业联合会在上海举行的"2010 中国国际石油化工大会"上签署了战略合作协议，确定了进一步推进"责任关怀"工作的计划。

2011 年 10 月石油化工行业"责任关怀"促进大会在北京举行，主题是"绿色化工，责任与贡献"。会上，160 多家（个）化工企业和化工园区签署了"责任关怀"承诺书，成立了"责任关怀"工作委员会，为开展"责任关怀"活动奠定了坚实的组织基础。并将《责任关怀实施准则》作为中华人民共和国化工行业标准（HG/T 4184—2011）正式发布。

2012 年 4 月在北京召开"中国石油和化学工业联合会'责任关怀'工作委员会工作会议"。

2012 年 10 月 10 日，由中国石油和化学工业联合会主办，道康宁（中国）有限公司协办的"2012 中国石油和化学工业联合会'责任关怀'工作委员会工作会议"在张家港市召开。本次会议是中国石化联合会"责任关怀"工作委员会成立以来召开的第一次专题工作会议，旨在构建"责任关怀"工作体系，建立"责任关怀"长效工作机制。会议讨论围绕以下几个方面开展工作。

① 以企业为主体，逐步完成社区认知和应急响应、储运安全、污染防治、工艺安全、职业健康安全和产品安全监管六个工作组的组建工作。

② 建立、完善信息沟通渠道。定期出版《责任关怀通讯》。

③ 筹备组建"责任关怀专家组"及"责任关怀研究组"。

④ 在有条件的化工专业学校试点"责任关怀"通信，开设"责任关怀"课程。

⑤ 开展"责任关怀"的师资培训、宣传培训、六个准则的专题培训和取证培训等。

⑥ 开设"责任关怀"专栏。

2013年4月20日在北京召开了"第五届中国'责任关怀'促进大会"，主题是"工艺安全与产品安全监管"。

三、"责任关怀"促进现代化学工业可持续发展

"责任关怀"所倡导的安全规范远远高于并超越了大多数国家的法律规范要求，我国已成立推行"责任关怀"的专门机构，将"责任关怀"所倡导的规范作为行业联合会内会员的准入资格之一，以此表明中国对全球化学工业行业、对环境、对人类的负责任的态度。"责任关怀"正指引着全球领先的化学工业公司不断超越既有成就，创造更高层次的行为规范，促进现代化学工业可持续发展。

国家有关政府部门，相关行业协会、学校等都已步入推行"责任关怀"理念的行列，主要围绕以下几个方面展开：

① 在国家有关政府部门对推行"责任关怀"的支持下，在推行"责任关怀"的实践中，各企业必将排除阻力深入开展工作。如果有关政府部门能有力支持"责任关怀"的推行，将会产生强劲的推动力，许多困难就能迎刃而解。

② 制定标准。从建立法律法规、国家或行业标准等方面加强"责任关怀"推进工作力度，同时理顺与 HSE、ISO 环境/安全管理体系和 ILO 职业安全健康体系的衔接，在此基础上组织编制了《石油和化工行业实施"责任关怀"的基本步骤和做法》，使我国"责任关怀"的实施规范化、标准化。

③ 加快建立"责任关怀"的激励机制。争取国家有关政府部门的支持，对施行"责任关怀"的企业从政策、税收上给予支持，提高企业的积极性。这方面可借鉴国外的经验，设立相关的激励奖项，以帮助企业提升实施"责任关怀"的水平。

④ 组织专题研究。国家有关部门将安排开展"责任关怀"推广工作的专题研究，包括标准制定、方法研究、培训及试点、认证等。

⑤ 编制推广"责任关怀"规划。选择环境安全问题较为突出、对环境和人身安全健康影响较大的行业首先推行。

⑥ 学校将是推行"责任关怀"的前沿阵地。2011年10月在北京举办的第四届"责任关怀"促进大会上，第一次有高职院校参加了大会，并作了"学校将是推行'责任关怀'的前沿阵地"的访谈。目前已有高校在实际推广过程中完成了"责任关怀"理念的"四进入"（进入相关专业的人才培养方案、进入教材、进入课堂、进入大学生的头脑），并在学生中成立了"旭东责任关怀协会"社团，旨在弘扬范旭东的精神，宣传化学、化工为人类带来的福祉和贡献，同时通过宣传"责任关怀"理念，强化化工人的责任意识，为维护"蓝天白云、青山绿水，人类健康"做出贡献！

资源拓展

　　想学习了解"责任关怀"的更多相关内容，同学们可以登录中国责任关怀官网（http：//www.chinahse.org.cn/c/ind_safety_index）进行学习，网址首页如图7-6所示。

图 7-6　中国"责任关怀"网址首页

第八章
安全意识

安全教育是高职院校素质教育不可分割的重要组成部分。占据着我国高校半壁江山的高职院校，是社会高技能人才输出的重要基地，高职院校"工学结合"的培养模式需要更加重视对高职学生安全素养的培养。化工专业的高职学生走向职场、进入工作岗位时会接触较多的安全隐患，因此加强以安全意识为核心的安全教育是形势所迫，亦是用人企业所需，更是学生个人的安全需求。本章旨在培养学生走向职场时拥有规范的安全行为和良好的安全素养，提高学生的安全素质，为学生实现人生价值奠定基础。

第一节
安全生产的常识

一、安全概述

1. 安全的内涵

安全是指不受威胁，没有危险、危害、损失；是人类与生存环境资源的和谐相处，互相不伤害，不存在危险、危害的隐患；是免除了不可接受的损害风险的状态；是人类在生产过程中，将对人类的生命保障、财产、环境可能产生的损害控制在人类可接受水平以下的状态。

2. 安全生产的重要性

首先，安全生产的中心理念是以人为本的理念。人的生命健康是最重要的，一切都要以人为本。安全生产首先是为保护人的生命和健康服务的，人有多重要，安全生产就有多重要。

其次，安全生产是政府提供的一项公共产品。国家出台了很多安全生产方面的法律法规，遵守国家的法律法规是最基本的要求。

最后，安全生产是保障企业稳定发展和社会稳定的重要基石。一起事故，特别是重特大事故，对企业来说损失巨大，不仅要停工，还要处理事故的善后工作，可能要付出巨额赔偿、接受经济处罚，甚至还要承担违法犯罪的责任。

二、安全生产的一般规则及安全规章制度

1. 安全生产的一般规则

（1）虚心学习，掌握技能

① 以虚心的态度认真学习；

② 不懂的地方一定要问清楚；

③ 要努力掌握学到的知识；

④ 要逐步进行实践；

⑤ 生产技能要反复进行练习。

（2）认真接受安全生产教育

① "三级安全教育"：是指厂级、车间级、班组级的安全教育。

② 特种作业安全教育培训：电工作业、锅炉司炉、压力容器操作和管道操作、起重司索指挥、爆破作业、金属焊接作业、企业内机动车辆驾驶、登高架设作业、电梯驾驶作业、制冷与空调作业等。

（3）"安全三原则"

① 整理、整顿工作地点，有一个整洁有序的作业环境；

② 经常维护保养设备；

③ 按照标准进行操作。

（4）岗位操作四严格

① 严格执行交接班制度；

② 严格进行巡回检查；

③ 严格控制工艺指标；

④ 严格执行操作规程。

（5）开工前及完工后的安全检查

① 开工前：了解生产任务、作业要求和安全事项。

② 工作中：检查劳动防护用品穿戴是否准确、机械设备运转安全装置是否完好。

③ 完工后：应将阀门、开关关好，包括气阀、水阀、煤气、电气开关等；整理好用具和工组箱，放在指定地点；危险物品应存放在指定场所，填写使用记录，关门上锁。

（6）安全生产九大纪律

① 决不允许违章、违规操作。

② 决不允许擅自调整工艺参数。

③ 决不允许擅自进行设备检修。

④ 决不允许未经审批和正确防护即进行动火作业。

⑤ 决不允许未经审批和正确防护即进入受限空间作业。

⑥ 决不允许未经风险辨识和审批就开展吊装作业。

⑦ 决不允许未经风险辨识和审批就开展断路作业。

⑧ 决不允许未经风险辨识和审批就开展高处作业。

⑨ 决不允许未经风险辨识和审批就开展盲板抽堵作业。

（7）五必须

① 必须遵守厂纪、厂规。

② 必须经安全生产培训考核合格后持证上岗作业。

③ 必须了解本岗位的危险、危害因素。

④ 必须正确佩戴和使用劳动防护用品。

⑤ 必须严格遵守危险性作业的安全要求。

(8) 五严禁

① 严禁在禁火区域吸烟、动火。

② 严禁在上岗前和工作时间饮酒。

③ 严禁擅自移动或拆除安全装置和安全标志。

④ 严禁擅自触摸与自己无关的设备、设施。

⑤ 严禁在工作时间串岗、离岗、睡觉或嬉戏打闹。

(9) 四不伤害原则

① 不伤害自己。

② 不伤害他人。

③ 不被他人伤害。

④ 保护他人不被伤害。

(10) 事故应急四牢记

① 牢记预案内容。

② 牢记逃生路线。

③ 牢记逃生技巧。

④ 牢记自救、互救常识。

2. 安全规章制度（以化工生产企业为例）

① 进入生产厂区必须穿工作服，戴安全帽，禁止携带烟、火等火种，禁止携带手机。

② 严禁在工作时间串岗、离岗、睡觉或嬉戏打闹，严禁酒后进入生产厂区。

③ 严禁穿拖鞋、高跟鞋、钉鞋进入生产厂区。

④ 严禁擅自触摸与自己无关的设备、设施。

⑤ 不得以任何理由占用消防通道。

⑥ 外来施工单位或人员进入厂区施工，需遵守厂区一切安全管理规定，并接受本公司安全管理人员的安全监督。

⑦ 在施工时必须使用符合规定的防爆设备，防爆设备检验不合格的，禁止施工。

⑧ 在指定的安全通道上行走，上下班按照"两人成行，三人成列"的要求有序行走。

⑨ 车辆进入厂区必须登记并安装防火帽。

⑩ 厂区内车辆行驶时速不得超过 10 公里/小时，转弯处不得超过 5 公里/小时。

3. 劳动防护

(1) 正确佩戴使用劳动防护用品（以安全帽为例） 劳动防护用品（图 8-1）按照人体防护部位分为十大类：

① 头部防护用品。

② 眼面防护用品。

③ 手臂防护用品。

④ 呼吸防护用品。

⑤ 足脚防护用品。

图 8-1　劳动防护用品

⑥ 听力防护用品。

⑦ 躯体防护用品。

⑧ 坠落防护用品。

⑨ 皮肤防护用品。

⑩ 其他防护用品。

（2）安全帽的作用　安全帽是工人在现场工作每天要戴的头部防护用品，安全帽虽然小，但它的作用却不容忽视。

首先是一种责任，一种形象。当戴上安全帽以后，它会提醒每一位员工：安全是一种责任。企业必须重视加强安全生产管理，约束警示每一位进入现场的人员，树立"安全为我、我要安全"的意识，不要冒险、不要蛮干。

其次是一种标志，在现场看到的不同颜色的安全帽，可以直接区分工作人员的工作性质。一般可分为：生产工人应该戴黄色安全帽；技术工人、特种作业人员戴蓝色安全帽；安全员戴红安全帽；管理人员戴白色安全帽等等。

再者是醒目，在阴天、雨天或雾天工作时，安全帽颜色鲜艳、引人注目，可避免安全事故。安全帽的醒目程度以黄色和白色最好，黑色和深蓝色最差。

最后也是最重要的一点，安全帽是工人个人重要的安全防护用品。在现场作业中，安全帽可以承受和分散落物的冲击力，并保护或减轻由于高处坠落或头部先着地面的撞击伤害，关键时刻可以挽救一个人的生命。

（3）安全帽正确的佩戴方法　首先，应将内衬圆周大小调节到对头部稍有约束感，用双手试着左右转动头盔，以基本不能转动，但又不难受为宜，以低头时安全帽不会脱落为宜。

其次，要优先保护前额，因为大多数的失控和碰撞都是往前摔的，头盔前沿要压至眉头之上，不要露出额头。

此外，佩戴安全帽必须系好下颌带，下颌带应紧贴下颌，松紧以下颌有约束感但不难受为宜。

最后，在厂区或其他任何地点，不得将安全帽作为坐垫使用（图8-2）。

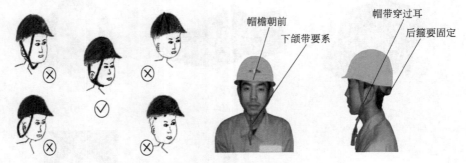

图8-2 安全帽正确的佩戴方法

4. 事故与案例

（1）何谓事故 生产安全事故是指生产经营单位在生产经营活动（包括与生产经营有关的活动）中，突然发生的伤害人身安全和健康或者损坏设备设施或者造成经济损失，导致原生产经营活动暂时中止或永远终止的意外事件。

（2）事故分类

① 轻微事故，死亡0人，重伤0人，直接经济损失0元，上报县级，企业处理。

② 一般事故，死亡1~2人，重伤1~9人（包括急性工业中毒，下同），直接经济损失100万元~900万元，上报市级，县级处理。

③ 较大事故，死亡3~9人，重伤10~49人，直接经济损失1000万~5000万元，上报省级，市级处理。

④ 重大事故，死亡10~29人，重伤50~99人，直接经济损失5000万~1亿元，上报国务院，省级处理。

⑤ 特别重大事故，死亡30人以上，重伤100人以上，直接经济损失1亿元以上，上报国务院，国务院处理。

（3）事故产生原因 事故产生的一般原因，见表8-1。

表8-1 事故产生的一般原因

人的不安全行为和状态	物和环境的不安全状态	管理上的原因
① 违章指挥； ② 违章操作； ③ 违反劳动纪律	① 设备和装置的结构不良，强度不够，零部件磨损和老化； ② 工作环境面积偏小或工作场所有其他缺陷； ③ 物质的堆放和整理不当； ④ 外部的、自然的不安全状态，危险物与有害物的存在； ⑤ 安全防护装置失灵； ⑥ 劳动保护用品（具）缺乏或有缺陷； ⑦ 作业方法不安全； ⑧ 工作环境，如照明、温度、噪声、振动、颜色和通风等条件不良	① 技术缺陷：工业建筑物、构筑物、机械设备、仪器仪表的设计、选材、布置安装、维护检修有缺陷，或工艺流程及操作程序有问题； ② 对操作者缺乏必要的培训教育； ③ 劳动组织不合理； ④ 对现场缺乏检查和指导； ⑤ 没有安全操作规程或规程不健全； ⑥ 隐患整改不及时，事故防范措施不落实

（4）案例分析

淄博市周村区"5.21"危化品槽罐车中毒死亡事故

1. 事故经过

2008 年 5 月 21 日 12 点 30 分左右，淄博市周村某运输服务有限公司一辆运输过粗苯的危险化学品槽罐车辆在周村某维修部进行清罐处理过程中，2 人因中毒死亡。当日 11 点 50 分左右，该槽罐车开至周村维修部，拟对车辆进行残留物清罐处理，驾驶员张某和押运员张某某告诉维修部员工孔某该车拉过粗苯，需要清罐，随后两人便去该维修部西边一饭店吃午饭。该维修部员工孔某和张乙某即上车做罐内机械引风准备工作。12 点 30 分左右，罐体前部人孔盖已打开，后部人孔盖尚未全部打开，引风机尚未安装，孔某便佩戴防毒面具进入罐内进行清洗工作，当场在罐内中毒晕倒。随后，该维修部负责人陈某未穿戴防护用品，即上车进入罐内进行救助，也在罐内中毒晕倒。此后将二人从罐内救出并送往医院抢救，确认 2 人均已死亡。

2. 事故原因

据调查分析，维修部员工孔某在未对危险化学品槽罐采取强制通风置换、罐内气体分析检测等安全措施的情况下，佩戴不符合要求的防护用品，进入罐内进行清罐，以及陈某未穿戴防护用品进罐救助，是事故发生的直接原因。

周村某维修部不具备危险化学品槽罐车清罐条件，超范围经营危险化学品槽罐车清罐业务；负责人陈某指使不具备相关安全知识和能力的孔某进入罐内，对危险化学品槽罐车进行清罐；淄博市周村某交通运输服务有限公司安全管理制度不健全，对从业人员安全教育培训不够，未建立相应的安全操作规程，对危险化学品槽罐车清罐工作和清罐地点规定不明确；车主王某对驾驶员、押运员管理不到位，致使驾驶员张某和押运员张某某将危险化学品槽罐车擅自交由无危化品清罐条件的维修部进行清罐，并且未将清罐存在的危险有害因素和安全措施告知清罐人员，未尽到运输全过程的监管职责，是事故发生的间接原因。

3. 防范措施

① 深入开展作业过程的风险分析工作，加强现场安全管理。

② 制定完善的安全生产责任制度、安全生产管理制度、安全操作规程，并严格落实和执行。

③ 加强员工的安全教育培训，全面提高员工的安全意识和技术水平。

④ 制定事故应急救援预案，并定期培训和演练。

⑤ 作业现场配备必要的检测仪器和救援防护设备，对有危害的场所要检测，查明真相，正确选择、佩戴个人防护用具并加强监护。

第二节
安全标志

安全标志是用以表达特定安全信息的标志，它向工作人员警示工作场所或周围环境的危险状况，指导人们采取合理行为。安全标志能够提醒工作人员预防危险，从而避免事故发生；当危险发生时，能够指示人们尽快逃离，或者指示人们采取正确、有效、得力的措施，对危害加以遏制。安全标志由图形符号、安全色、几何形状（边框）或文字构成，其中的安全色是传递安全信息含义的颜色，包括红、蓝、黄、绿四种颜色。安全标志不仅类型要与所警示的内容相吻合，而且设置位置要正确合理，否则就难以真正充分发挥其警示作用。

一、安全标志的分类

安全标志的分类有禁止标志、警告标志、指令标志、提示标志四类，还有补充标志。

（1）禁止标志 禁止标志的含义是不准或制止人们的某些行动。

禁止标志的几何图形是带斜杠的圆环，其中圆环与斜杠相连，为红色；图形符号为黑色，背景为白色。其基本形式如图 8-3 所示。

我国规定的禁止标志共有 28 个，其中与电力相关的如：禁放易燃物、禁止吸烟、禁止通行、禁止烟火、禁止用水灭火、禁带火种、启机修理时禁止转动、运转时禁止加油、禁止跨越、禁止乘车、禁止攀登等。

（2）警告标志 警告标志的含义是警告人们可能发生的危险。

警告标志的几何图形是黑色的正三角形、黑色符号和黄色背景。其基本形式如图 8-4 所示。

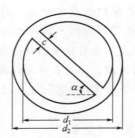

图 8-3 禁止标志的基本形式　　　　图 8-4 警告标志的基本形式

我国规定的警告标志共有 30 个，其中与电力相关的如：注意安全、当心触电、当心爆炸、当心火灾、当心腐蚀、当心中毒、当心机械伤人、当心伤手、当心吊物、当心扎脚、当心落物、当心坠落、当心车辆、当心弧光、当心冒顶、当心瓦斯、当心塌方、当心坑洞、当心电离辐射、当心裂变物质、当心激光、当心微波、当心滑跌等。

（3）指令标志 指令标志的含义是必须遵守。

指令标志的几何图形是圆形，蓝色背景，白色图形符号。基本形式如图 8-5 所示。

指令标志共有 15 个，其中与电力相关的如：必须戴安全帽、必须穿防护鞋、必须系安全带、必须戴防护眼镜、必须戴防毒面具、必须戴护耳器、必须戴防护手套、必须穿防护服等。

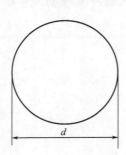

图 8-5 指令标志的
基本形式

（4）提示标志 提示标志的含义是示意目标的方向。

提示标志的几何图形是方形，为绿、红色背景，白色图形符号及文字。基本形式如图 8-6 所示。

提示标志共有 13 个，其中一般提示标志（绿色背景）有 6 个如：安全通道、太平门等。消防设备提示标志（红色背景）有 7 个：消防警铃、火警电话、地下消火栓、地上消火栓、消防水带、灭火器、消防水泵结合器。

提示标志提示目标的位置时，要加上方向辅助标志。按实际需要指示左向时，辅助标志应放在图形标志的左方；如指示右向时，应放在图形标志的右方，如图 8-7 所示。

（5）补充标志　补充标志是对前述四种标志的补充说明，以防误解。

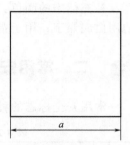

图 8-6　提示标志的
　　　　基本形式

图 8-7　应用方向辅助标志示例

补充标志分为横写和竖写两种。横写的为长方形，写在标志的下方，可以和标志连在一起，也可以分开。如图 8-8 所示。

图 8-8　横写的文字辅助标志

补充标志为竖写时，标志的文字辅助内容写在标志杆上部。如图 8-9 所示。

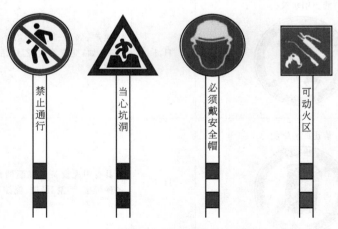

图 8-9　竖写在标志杆上部的文字辅助标志

补充标志的颜色：竖写的，均为白底黑字，用于禁止标志的用红底白字；用于警告标志的用白底黑字；用于指令标志的用蓝底白字。补充标志中的文字字体均为黑体字。

二、常用安全标志

常用安全标志的种类、名称及图形符号、设置地点和范围见表8-2。

表 8-2　常用安全标志的种类、名称及图形符号、设置地点和范围

序号	名称及图形符号	标志种类	设置范围和地点
1	禁止吸烟 	H	有丙类火灾危险物质的场所,如：木工车间、油漆车间、沥青车间、纺织厂、印染厂等
2	禁止烟火 	H	有乙类火灾危险物质的场所,如：面粉厂、煤粉厂、焦化厂、施工工地等
3	禁止带火种 	H	有甲类火灾危险物质及其他禁止带火种的各种危险场所,如：炼油厂、乙炔站、液化石油气站、煤矿井内、林区、草原等
4	禁止用水灭火 	H,J	生产、储运、使用中有不准用水灭火的物质的场所,如：变压器室、乙炔站、化工药品库、各种油库等
5	禁止放易燃物 	H,J	具有明火设备或高温的作业场所,如：动火区、各种焊接、切割、锻造、浇注车间等场所

序号	名称及图形符号	标志种类	设置范围和地点
6	禁止启动	J	暂停使用的设备附近,如:设备检修、更换零件等
7	禁止合闸	J	设备或线路检修时,相应的开关附近
8	禁止转动	J	检修或专人定时操作的设备附近
9	禁止触摸	J	禁止触摸的设备或物体附近,如:裸露的带电体,炽热物体,具有毒性、腐蚀性物体等处
10	禁止跨越	J	不宜跨越的危险地段,如:专用的运输通道、皮带运输线和其他作业流水线,作业现场的沟、坎、坑等
11	禁止攀登	J	不允许攀爬的危险地点,如:有坍塌危险的建筑物、构筑物、设备旁

序号	名称及图形符号	标志种类	设置范围和地点
12	禁止跳下	J	不允许跳下的危险地点,如:深沟、深池、车站站台及盛装过有毒物质、易产生窒息气体的槽车、贮罐、地窖等处
13	禁止入内	J	易造成事故或对人员有伤害的场所,如:高压设备室、各种污染源等入口处
14	禁止停留	H,J	对人员具有直接危害的场所,如:粉碎场地、危险路口、桥口等处
15	禁止通行	H,J	有危险的作业区,如:起重、爆破现场,道路施工工地等
16	禁止靠近	J	不允许靠近的危险区域,如:高压试验区、高压线、输变电设备的附近
17	禁止乘人	J	乘人易造成伤害的设施,如:室外运输吊篮、外操作载货电梯框架等

续表

序号	名称及图形符号	标志种类	设置范围和地点
18	禁止堆放	J	消防器材存放处、消防通道及车间主通道等
19	禁止抛物	J	抛物易伤人的地点，如：高处作业现场、深沟（坑）等
20	禁止戴手套	J	戴手套易造成手部伤害的作业地点，如：旋转的机械加工设备附近
21	禁止穿化纤服装	H	有静电火花会导致灾害或有炽热物质的作业场所，如：冶炼、焊接及有易燃易爆物质的场所等
22	禁止穿带钉鞋	H	有静电火花会导致灾害或有触电危险的作业场所，如：有易燃易爆气体或粉尘的车间及带电作业场所
23	禁止饮用	J	不宜饮用水的开关处，如：循环水、工业用水、污染水等

续表

序号	名称及图形符号	标志种类	设置范围和地点
24	注意安全	H,J	本标准警告标志中没有规定的易造成人员伤害的场所及设备等
25	当心火灾	H,J	易发生火灾的危险场所,如:可燃性物质的生产、储运、使用等地点
26	当心爆炸	H,J	易发生爆炸危险的场所,如:易燃易爆物质的生产、储运、使用或受压容器等地点
27	当心腐蚀	J	有腐蚀性物质(GB 12268 中第 8 类所规定的物质)的作业地点
28	当心中毒	H,J	剧毒品及有毒物质(GB 12268 中第 6 类第 1 项所规定的物质)的生产、储运及使用场所
29	当心感染	H,J	易发生感染的场所,如:医院传染病区;有害生物制品的生产、储运、使用等地点

续表

序号	名称及图形符号	标志种类	设置范围和地点
30	当心触电	J	有可能发生触电危险的电器设备和线路,如:配电室、开关等
31	当心电缆	J	在暴露的电缆或地面下有电缆处施工的地点
32	当心机械伤人	J	易发生机械卷入、轧压、碾压、剪切等机械伤害的作业地点
33	当心伤手	J	易造成手部伤害的作业地点,如:玻璃制品、木制加工、机械加工车间等
34	当心扎脚	J	易造成脚部伤害的作业地点,如:铸造车间、木工车间、施工工地及有尖角散料等处
35	当心吊物	H,J	有吊装设备作业的场所,如:施工工地、港口、码头、仓库、车间等

续表

序号	名称及图形符号	标志种类	设置范围和地点
36	当心坠落	J	易发生坠落事故的作业地点,如:脚手架、高处平台、地面的深沟(池、槽)等
37	当心落物	J	易发生落物危险的地点,如:高处作业、立体交叉作业的下方等
38	当心坑洞	J	具有坑洞易造成伤害的作业地点,如:构件的预留孔洞及各种深坑的上方等
39	当心烫伤	J	具有热源易造成伤害的作业地点,如:冶炼、锻造、铸造、热处理车间等
40	当心弧光	H,J	由于弧光造成眼部伤害的各种焊接作业场所
41	当心塌方	H,J	有塌方危险的地段、地区,如:堤坝及土方作业的深坑、深槽等

续表

序号	名称及图形符号	标志种类	设置范围和地点
42	当心冒顶	H,J	具有冒顶危险的作业场所,如:矿井、隧道等
43	当心瓦斯	H	有瓦斯爆炸危险的作业场所,如:煤矿井下、煤气车间等
44	当心电离辐射	H,J	能产生电离辐射危害的作业场所,如:生产、储运、使用 GB 12268 规定的第 7 类物质的作业区
45	当心裂变物质	J	具有裂变物质的作业场所,如:其使用车间、储运仓库、容器等
46	当心激光	H	有激光设备或激光仪器的作业场所
47	当心微波	H	凡微波场强超过规定的作业场所

序号	名称及图形符号	标志种类	设置范围和地点
48	当心车辆	J	厂内车、人混合行走的路段,道路的拐角处、平交路口;车辆出入较多的厂房、车库等出入口处
49	当心火车	J	厂内铁路与道路平交路口,铁道进入厂内的地点
50	当心滑跌	J	地面有易造成伤害的滑跌地点,如:地面有油、冰、水等物质及滑坡处
51	当心绊倒	J	地面有障碍物,绊倒易造成伤害的地点
52	必须戴防护眼镜	H,J	对眼睛有伤害的作业场所,如:机械加工、各种焊接车间等
53	必须戴防毒面具	H	具有对人体有害的气体、气溶胶、烟尘等作业场所,如:有毒物散发的地点或处理由毒物造成的事故现场

续表

序号	名称及图形符号	标志种类	设置范围和地点
54	必须戴防尘口罩	H	具有粉尘的作业场所,如:纺织清花车间、粉状物料拌料车间以及矿山凿岩处等
55	必须戴护耳器	H	噪声超过 85dB 的作业场所,如:铆接车间、织布车间、射击场、工程爆破等处
56	必须戴安全帽	H	头部易受外力伤害的作业场所,如:矿山、建筑工地、伐木场、造船厂及起重吊装处等
57	必须戴防护帽	H	易造成人体碾绕伤害或有粉尘污染头部的作业场所,如:纺织、石棉、玻璃纤维以及具有旋转设备的加工车间等
58	必须戴防护手套	H,J	易伤害手部的作业场所,如:具有腐蚀、污染、灼烫、冰冻及触电危险的作业等地点
59	必须穿防护鞋	H,J	易伤害脚部的作业场所,如:具有腐蚀、灼烫、触电、砸(刺)伤等危险的作业地点

序号	名称及图形符号	标志种类	设置范围和地点
60	必须系安全带	H,J	易发生坠落危险的作业场所,如:高处建筑、修理、安装等地点
61	必须穿救生衣	H,J	易发生溺水的作业场所,如:船舶、海上工程结构物等
62	必须穿防护服	H	具有放射、微波、高温及其他需穿防护服的作业场所
63	必须加锁	J	剧毒品、危险品库房等地点
64	紧急出口	J	便于安全疏散的紧急出口处,与方向箭头结合设在通向紧急出口的通道、楼梯口等处

续表

序号	名称及图形符号	标志种类	设置范围和地点
65	可动火区	J	经有关部门划定的可使用明火的地点
66	避险处	J	铁路桥、公路桥、矿井及隧道内躲避危险的地点

注：1. 图中标志种类 H 是指环境信息标志，所提供的信息涉及较大区域的图形标志（GB/T 15565）。

2. J 是指局部信息标志，所提供的信息只涉及某地点，甚至某个设备或部件的图形标志（GB/T 15565）。

三、安全标志牌的设置及使用要求

① 标志牌应设在与安全有关的醒目地方，并使大家看见后，有足够的时间识读它所表示的内容。环境信息标志宜设在有关场所的入口处和醒目处；局部信息标志应设在所涉及的相应危险地点或设备（部件）附近的醒目处。

② 标志牌不应设在门、窗、架等可移动的物体上，以免这些物体位置移动后，看不见安全标志。标志牌前不得放置妨碍识读的障碍物。

③ 标志牌设置的高度，应尽量与人眼的视线高度相一致。悬挂式和柱式的环境信息标志牌的下缘距地面的高度不宜小于2 米；局部信息标志的设置高度应视具体情况确定。

④ 标志牌的平面与视线夹角应接近90°，观察者位于最大观察距离时，最小夹角不低于75°，如图 8-10 所示。

⑤ 标志牌应设置在明亮的环境中。

⑥ 无论厂区或车间内，所设标志牌的观察距离不能覆盖全厂或全车间面积时，应多设几个标志牌。

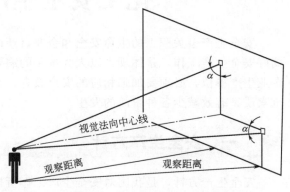

图 8-10　标志牌平面与视线最小夹角不低于 75°

⑦ 多个标志牌在一起设置时，应按警告、禁止、指令、提示类型的顺序，先左后右、先上后下地排列。

⑧ 标志牌的固定方式分附着式、悬挂式和柱式三种。悬挂式和附着式的固定应稳固不倾斜，柱式的标志牌和支架应牢固地连接在一起。

⑨ 安全标志牌每半年至少检查一次，如发现有破损、变形、褪色等不符合要求时应及时修整或更换。

四、安全标志牌的型号选用

安全标志牌的型号及尺寸见表 8-3，具体的选用情况如下。

① 工地、工厂等的入口处设 6 型或 7 型。

② 车间入口处、厂区内和工地内设 5 型或 6 型。

③ 车间内设 4 型或 5 型。

④ 局部信息标志牌设 1 型、2 型或 3 型。

表 8-3 安全标志牌的型号及尺寸

型号	观察距离 L/m	圆形标志的外径/m	三角形标志的外边长/m	正方形标志的边长/m
1	$0<L≤2.5$	0.070	0.088	0.063
2	$2.5<L≤4.0$	0.110	0.1420	0.100
3	$4.0<L≤6.3$	0.175	0.220	0.160
4	$6.3<L≤10.0$	0.280	0.350	0.250
5	$10.0<L≤16.0$	0.450	0.560	0.400
6	$16.0<L≤25.0$	0.700	0.880	0.630
7	$25.0<L≤40.0$	1.110	1.400	1.000

注：允许有 3% 的误差。

第三节
化工安全生产基础知识

安全生产事关职工的生命安全和企业财产的安全，是事关企业发展和社会稳定的大事。搞好安全生产工作，是体现"以人为本"的需要，是企业生存发展的根本。为此，进入化工企业生产单位，必须要加强相应的安全教育，掌握相关的知识和技能，努力提高生产者的安全素质，有效减少各种事故的发生。

一、安全生产方针

安全生产方针，是我国对安全生产工作所提出的一个总的要求和指导原则，它为安全生产指明了方向。《中华人民共和国安全生产法》里规定我国的安全生产方针是："安全第一""预防为主""综合治理"。其中"安全第一"是安全生产方针的基础，要求企业从事生产经营活动必须把安全放在首位，不能以牺牲人的生命、健康为代价换取发展和效益。"预防为主"是安全生产方针的核心，要求把安全生产工作的重心放在预防上，强化隐患排查治理，从源头上控制、预防和减少生产安全事故。"综合治理"是一种新的安全管理模式，要求运用行政、经济、法治、科技等多种手段，充分发挥社会、职工、舆论监督各个方面的作用，抓好安全生产工作。

 二、化工安全生产任务及化工企业生产特点

1. 化工安全生产任务

化工安全生产是确保企业提高经济效益和促进生产稳定、发展的重要基石和基本保证。其安全生产任务就是要求消除生产过程中的不安全因素，创造良好的、安全舒适的劳动环境和工作秩序。就是要变危险为安全、变有害为无害、变笨重劳动为轻便劳动，防止事故和职业病的发生，确保职工的安全与健康。总之，化工安全生产就是与伤亡事故和职业病作斗争。

2. 化工企业生产特点

化工企业生产具有高温、高压、深冷、易燃、易爆、有毒、有害、腐蚀、易挥发、工艺生产自动化与连续化、生产装置大型化、工艺复杂等特点。因此化工生产存在着多种潜在的不安全因素，稍有不慎，会发生各种事故，事故的后果具有的严重危险性和危害性比其他制造行业更大。具体来讲，化工生产的不安全因素，大致有以下几方面：

① 在化工生产过程中，要大量使用各种易燃、易爆、易腐蚀、有毒、有害等危险化学原料。

② 在化工生产中多使用高温、高压设备和电气设备。

③ 在化工生产中，生产工艺非常复杂，条件非常苛刻，在操作过程中要求十分严格。

④ 在化工生产中，产生三废多，环境污染严重，影响人类的生存条件。

 三、化工安全生产规章制度

化工企业依据国家和政府法律法规，结合本企业的实际情况而制定的各种安全生产规章制度，如厂规厂纪、各级安全生产责任制、安全教育制度、安全生产检查制度、各类事故管理制度、设备维护检修规程、安全操作规程、禁火禁烟规定、动火制度、进罐作业制度、劳动纪律违规处罚规定、物资进出厂规定等。这些制度、规定等都是企业为实现安全、稳定的生产，提高经济效益必须遵循的。

1. 化工企业安全规章制度

化工企业建立的安全规章制度，一般涵盖三个方面的内容：

（1）安全管理方面的制度 如安全生产责任制度、安全生产教育制度、安全生产检查制度、事故管理制度、各种安全作业证和制止违章作业和违章指挥通知书、隐患整改通知书等。

（2）安全技术方面的制度 安全生产动火、禁烟、进罐作业、电气安全技术、危险化学品、安全检修、锅炉和压力容器、气瓶安全、高处作业管理制度和特殊工种安全操作规程、各岗位及各工种安全操作规程等。

（3）职业卫生方面的制度 尘毒安全卫生、尘毒监测、职业危害、职业病、职工健康、防护用品、防暑降温等方面的管理制度。

2. 贯彻执行安全制度是每个企业和职工的职责

每个职工应自觉地遵守、认真地贯彻执行国家、政府、企业的安全生产法规、制度、规章，积极参加各种安全活动，加强安全、业务学习，努力提高自身的安全素质和业务素质，做到"三不违"（即不违章指挥、不违章操作、不违反劳动纪律）和"四不伤害"（即不伤害他人、不伤害自己、不被他人所伤害、保护他人不被伤害）。其中化工企业生产区"十个不准"和操作工"六个严格"规章制度列举如下：

（1）化工企业生产区"十个不准"

① 加强明火管理，禁止吸烟。未经审批、未做好安全措施、无人监火，不准动火。

② 生产区内，不准未成年人进入。不按规定穿戴劳动保护用品，不准进入生产岗位。

③ 上班时间，不准睡觉、干私活、离岗和干与生产无关的事，在班前、班上不准喝酒。

④ 不准使用汽油等易燃液体擦洗设备、用具和衣服。

⑤ 安全装置不齐全的设备不准动用。不是自己分管的设备、工具不准动用。

⑥ 检修设备时安全措施不落实，不准开始检修。停机检修后的设备、未经彻底检查，不准启用。

⑦ 未办高处作业证，不带安全带，脚手架、跳板不牢，不准登高作业。石棉瓦上不固定好跳板，不准作业。

⑧ 不准带电移动电器。

⑨ 未取得安全作业证的职工，不准独立作业；特殊工种职工，未经取证，不准作业。

⑩ 未办进罐作业证，未做有效隔离，未彻底清洗、置换合格，未指定专人监护，不准进罐作业。

（2）化工企业操作工的"六个严格"

① 严格执行交接班制。

② 严格进行巡回检查。

③ 严格控制工艺指标。

④ 严格执行操作法（票）。

⑤ 严格遵守劳动纪律。

⑥ 严格执行安全规定。

四、化工生产防火防爆常识

火灾爆炸事故是化工生产中最为常见和后果特别严重的事故之一。与火灾爆炸作斗争是化工安全生产的重要任务之一。为此，我们有必要掌握防火、防爆知识，为有效地防止或减少火灾、爆炸事故的发生尽自己最大的努力。

1. 火灾和爆炸事故发生的主要特点

（1）严重性　火灾和爆炸所引起的财产损失和人员伤亡，往往都比较严重。

（2）复杂性　发生火灾和爆炸事故的原因往往比较复杂，如物体形态、数量、浓度、温度、密度、沸点、着火能量、明火、电火花、化学反应热、物质的分解、自燃、热辐射、高温表面、撞击、摩擦、静电火花等。

（3）突发性　火灾、爆炸事故的发生往往是人们意想不到的，特别是爆炸事故，我们很难知道在何时、何地会发生。它往往在我们放松警惕、麻痹大意的时候发生，在我们工作疏漏的时候突然发生。

2. 火灾、爆炸事故发生的一般原因

火灾、爆炸事故发生的原因非常复杂，经大量的事故调查和分析，其原因基本有以下五

个方面：

（1）人为因素　由于操作人员缺乏业务知识，事故发生前思想麻痹、漫不经心、存在侥幸心理、不负责任、违章作业，事故发生时惊慌失措、不冷静处理，导致事故扩大。或有些人思想麻痹、违规设计、违规安装、存在侥幸心理、不负责任，埋下隐患。

（2）设备因素　由于设备陈旧、老化，设计、安装不规范，质量差以及安全附件缺损、失效等原因。

（3）物料因素　由于使用的危险化学物品性质、特性、危害性不一样，反应条件、结果和危险程度也不一样。

（4）环境因素　同样的生产工艺和条件，由于生产环境不同则结果就有可能会不一样。如厂房的通风、照明、噪声等环境条件的不同，都有可能产生不同的后果。

（5）管理因素　管理不善、有章不循或无章可循、违章作业等也是很重要的原因。

以上五个因素，也可归纳为人、设备、环境三个因素。管理因素可认为是人为因素，物料因素可认为是设备因素。

3. 物质的燃烧三要素

燃烧俗称着火。凡物质发生强烈的氧化反应，同时发出光和热的现象均称为燃烧，它具有发光、放热、生成新物质三个特征。燃烧反应必须同时具备可燃物、助燃物、着火源三个条件，三者缺一不可，这就是我们常讲的燃烧"三要素"。如果在燃烧过程中，我们用人为的方法和手段去消除其中一个条件，燃烧反应就会终止，这就是灭火的基本原理。

（1）可燃物　凡能与空气和氧化剂起剧烈反应的物质称为可燃物。按形态，可燃物可分为固体可燃物、液体可燃物和气体可燃物三种。

物质的可燃性随着条件的变化而变化，如铝、镁、钠等是不燃的物质，但是，铝、镁、钠等物质成为粉末后不但能发生自燃，而且还可能会发生爆炸；又如烧红的铁丝在空气中不会燃烧，如果将烧红的铁丝放入纯氧或氯气中，铁丝会非常容易被燃烧；再如甘油在常温下不容易燃烧，但遇高锰酸钾时则会剧烈的燃烧。

（2）助燃物　凡能帮助和维持燃烧的物质，均称为助燃物。常见的助燃物有空气和氧气，还有氯气、氯酸钾、高锰酸钾等氧化物也是助燃物。

空气助燃的助燃性能会随着空气中的氧含量变化而变化；空气中的氧含量在 21％ 左右，当空气中氧含量降至 17％ 以下时，燃烧即完全停止；当空气中的氧含量增高时，燃烧反应会逐渐激烈，能使一些平时在空气中较难引燃的可燃物变成易燃物，如在纯氧的条件下，可燃物的燃烧会变得非常猛烈，甚至能使一些平时不会燃烧的铁、铝、镁等金属也激烈地燃烧。

（3）着火源　凡能引起可燃物燃烧的能源，统称为着火源。着火源主要有以下五种：

① 明火　明火炉灶、柴火、煤气炉（灯）火、喷灯火、酒精炉火、香烟火、打火机火等开放性火焰。

② 火花和电弧　火花包括电、气焊接和切割的火花，砂轮切割的火花，摩擦、撞击产生的火花，烟囱中飞出的火花，机动车辆排出火花，电气开、关、短路时产生的火花和电弧火花等。

③ 危险温度　一般指 80℃ 以上的温度，如电热炉、烙铁、熔融金属、热沥青、沙浴、油浴、蒸汽管裸露表面、白炽灯等。

④ 化学反应热 化合（特别是氧化）、分解、硝化和聚合等化学反应放出的热量，生化作用产生的热量等。

⑤ 其他热量 辐射热、传导热、绝热压缩热等。

综上所述，我们知道要发生着火燃烧，必须同时具备可燃物、助燃物、着火源三个基本条件，缺少任何一个条件，就不可能发生燃烧。

4. 燃烧的类型

燃烧类型可分为闪燃、着火、自燃、爆炸四种。每一种类型的燃烧都有其各自的特点。学习防火、防爆技术知识就必须具体地分析每一类型的燃烧发生的特殊原理，才能有针对性地采取行之有效的防火、防爆和灭火措施。

（1）闪燃 可燃液体的蒸气（随着温度的升高，蒸发的蒸气越多）与空气混合（当温度还不高时，液面上只有少量的可燃蒸气与空气混合）遇着火源（明火）而发生一闪即灭的燃烧（即瞬间的燃烧，大约在 5 秒以内）称为闪燃。可燃液体能发生闪燃的最低温度，称为该液体的闪点。可燃液体的闪点越低越容易着火，发生火灾、爆炸的危险性就越大。有些固体（能升华）也会有闪燃现象，如石蜡、樟脑、萘等。某些可燃液体的闪点如表 8-4 所示。

表 8-4 某些可燃液体的闪点

物质	闪点	物质	闪点	物质	闪点
甲醇	11℃	乙醇	11.1℃	甲苯	4.4℃
丙酮	−19℃	乙醚	−45℃	苯	−11.1℃
氯苯	28℃	汽油	48℃	柴油	50～90℃
桐油	238℃	异戊醇	43℃	甲醛	60℃
乙酸	40℃	吡啶	17℃	哌嗪	80℃
甲酸乙酯	−20℃	煤油	28～45℃		

从消防的角度来讲，"闪点"在防火工作中的应用是十分重要的，它是评价液体火灾危险性大小的重要依据。闪点越低的液体，发生火灾的危险性就越大。

① 低闪点液体：闪点＜−18℃的液体。

② 中闪点液体：闪点−18℃≤闪点＜23℃的液体。

③ 高闪点液体：闪点 23℃≤闪点≤61℃的液体

根据可燃液体的闪点，我们将液体火灾危险性分为甲、乙、丙三类：

① 甲类：闪点在 28℃以下的液体。

② 乙类：闪点在 28～60℃以内的液体。

③ 丙类：闪点在 60℃以上的液体。

可燃液体的闪点高低与其饱和蒸气压及温度有关，饱和蒸气压越大、闪点越低；温度越高则饱和蒸气压越大、闪点就越低。因此，同一可燃液体的温度越高，则闪点就越低，当温度高于该可燃液体闪点时，如果遇点火源时，就随时有被点燃的危险。

（2）着火 可燃物质（在有足够助燃物的情况下）与火源接触而能引起持续燃烧的现象（即火源移开后仍能继续燃烧）称为着火。使可燃物质发生持续燃烧的最低温度称为燃点或称为着火点。燃点越低的物质，越容易着火。

某些可燃物质的燃点如表 8-5 所示。

表 8-5　某些可燃物质的燃点

物质	燃点	物质	燃点	物质	燃点
木材	295℃	纸张	130℃	松香	216℃
樟脑	70℃	棉花	210℃	麦草	222℃
涤纶纤维	339℃	黄磷	34~60℃	橡胶	120℃
松节油	53℃				

闪点与燃点的区别如下：

① 可燃液体在燃点时燃烧的不仅是蒸气，还有液体（即液体已达到燃烧的温度，可不断地提供、维持可稳定燃烧的蒸气）。

② 在发生闪燃时，移去火源闪燃即熄灭；而在燃点时，移去火源物质依然能继续燃烧。

在防火防爆工作中，严格控制可燃物质的温度在闪点、燃点以下是预防发生爆炸、火灾的有效措施。用冷却法灭火，其道理就是将可燃物质的温度降低到燃点以下，使燃烧反应终止。

（3）自燃　自燃因能量（热量）来源不同可分为受热自燃和本身自燃（自热燃烧）两种。

① 受热自燃：可燃物质受外界加热，温度上升至自燃点而能自行着火燃烧的现象，称为受热自燃。

② 本身自燃：可燃物质在没有外来热源的作用下，由于本身的化学反应、物理或生物的作用而产生热量，使物质的温度逐渐升高至自燃点发生自行燃烧的现象。

③ 自燃点：可燃物质在无明火作用下自行着火的最低温度，称为自燃点。自燃点越低的物质，发生火灾的危险性就越大。

在化工生产中，可燃物质靠近蒸汽管、油浴管等高温管线，一旦可燃物质温度达到自燃点以上时，在有足够氧气的条件下，没有明火作用就会发生燃烧；可燃物质在密闭容器中加热，温度高于自燃点以上时，一旦泄漏或有空气漏入，没有明火作用也会发生燃烧。

【案例8-1】

1991年9月28日，氯霉素分拆物在烘干过程中，由于操作工（周某、许某）责任心不强、疏忽大意，下班前未关闭蒸汽阀就下班回家，等两个小时后才想起蒸汽阀未关闭，立即返厂，关闭蒸汽阀。不知当事人是为了检查分拆物是否完好，还是想降低温度，擅自打开了烘箱门。不想，分拆物慢慢燃烧起来，继而成为大火，结果损失惨重。为什么打开烘箱门就会燃烧呢？这是因为当时烘箱内的温度已超过分拆物的自燃点温度，烘箱门未打开前，烘箱内的分拆物由于氧气不足无法燃烧，当烘箱门打开后，大量空气进入，氧气充足，分拆物立即燃烧。

油浴在化工生产中使用较多，根据工艺要求一般加热温度较高，如果使用蒸汽作为传热介质，要加热到200℃以上，蒸汽压力必须很高，对设备的耐压要求也很高，投资很大。而油浴是将导热油作为传热介质，在常压下就可达到较高的温度，对设备的耐压要求低，投资少。导热油在油炉内，由于导热油在隔绝空气情况下加热到高温，不会发生燃烧，但一旦高温导热油泄漏，就有可能发生自燃而燃烧（导热油质量差，低沸、低燃点成分较多）。在化工生产中因导热油泄漏发生火灾事故的较多，应充分重视。

（4）爆炸   物质由一种状态迅速地转变成另一种状态，并在瞬间以机械功的形式放出大量能量的现象。

爆炸可分为物理性爆炸、化学性爆炸和核爆炸三类。化学性爆炸按爆炸时所发生的化学变化又可分为简单分解爆炸（如乙炔铜、三氯化氮等不稳定结构的化合物）、复杂分解爆炸（如各种炸药）和爆炸性混合物爆炸三种。化工企业发生的爆炸，绝大部分是混合物爆炸。混合物爆炸是指可燃气体、蒸气、薄雾、粉尘或纤维状物质与空气混合后达到一定浓度，遇着火源发生的爆炸。可燃气体、蒸气或粉尘（含纤维状物质）与空气混合后，达到一定的浓度，遇着火源即能发生爆炸，这种能够发生爆炸的浓度范围，称为爆炸极限。能够发生爆炸的最低浓度称为该气体、蒸气或粉尘的爆炸下限。同样，能够发生爆炸的最高浓度，称为爆炸上限。表 8-6 是部分物质的爆炸极限。

表 8-6   部分物质的爆炸极限

物质	爆炸极限	物质	爆炸极限	物质	爆炸极限
松节油	0.8%～62%	二甲苯	1.1%～7%	乙醚	1.85%～36.5%
煤油	1.4%～7.5%	甲苯	1.2%～7%	汽油	1.3%～6%
乙炔	2.5%～82%	丙烷	2.37%～9.5%	丙烯	2%～11.1%
甲烷	5.3%～14%	乙烯	5.3%～14%	丙酮	2.5%～13%
氢	4.1%～74.2%	乙醇	3.5%～19%	甲醇	6.7%～36%
氨	15.7%～27.4%	甲醛	3.97%～57%	氯苯	1.7%～11%
吡啶	1.7%～12.4%	氨气	15.7%～27.4%		

从表 8-6 可知，各种可燃物质与空气混合后的爆炸极限浓度是不一样的，有的浓度范围窄，有的浓度范围宽，有的浓度范围下限低，有的上限较高。只有当某种物质的混合物浓度在爆炸极限范围内才会发生爆炸；混合物浓度低于爆炸下限时，因含有过量空气，空气的冷却作用阻止了火焰的传播，所以不燃烧也不爆炸；同样，当混合物浓度高于爆炸上限时，由于空气量不足，火焰也不能传播，所以只会燃烧而不爆炸。

爆炸极限这个概念，非常重要。从消防角度看，它是衡量可燃气体、易燃液体、可燃粉尘及少量能挥发（升华）的固体等在作业现场是否具备爆炸危险的重要依据指标。也就是说，爆炸下限越低、爆炸极限范围越宽的物质危险性越大，越要重点预防。

五、常用灭火器

火灾是指违背人们的意志，在时间和空间上失去控制的燃烧造成的灾害。一旦发生火灾事故，我们必须积极地自救及扑救，把人员损失及财产损失降到最低程度。因此，企业职工必须掌握常用灭火器的适用范围及相关知识。

1. 火灾的分类

火灾按物质燃烧的特性可分为 A、B、C、D、E 五类。

A 类——固体物质火灾；

B 类——液体和可溶化的固体物质火灾；

C 类——气体物质火灾；

D 类——金属物质火灾（钾、钠、镁、铝……）；

E 类——电气火灾。

2. 灭火的基本方法

灭火的基本方法有四种，即隔离法、冷却法、窒息法和化学反应中断法。在扑救火灾中，有时是通过使用不同的灭火剂来实现的。灭火剂是能够有效地破坏燃烧条件、中止燃烧的物质。不同类型的火灾，应选用不同的灭火方法和灭火剂。

（1）隔离法灭火　隔离法就是将火源与火源附近的可燃物隔开，中断可燃物质的供给，使火势不能蔓延。适用于扑救各种固体、液体和气体火灾。

（2）冷却法灭火　冷却法就是用水等灭火剂喷射到燃烧着的物质上，降低燃烧物的温度。当温度降到该物质的燃点以下时，火就会熄灭。

另外，用水喷洒在火源附近的可燃物上，可使其不受火源火焰辐射热的影响而扩大火势。如用水喷洒在贮存气体、液体的罐、槽上，可有效地降低或控制其温度，防止发生燃烧、爆裂而使火灾扩大。

用于冷却法灭火的灭火剂主要是水。固体二氧化碳、液体二氧化碳和泡沫灭火剂也有冷却作用。

（3）窒息法灭火　窒息法灭火就是用不燃或难燃的物质，覆盖、包围燃烧物，阻碍空气与燃烧物质接触，使燃烧因缺少助燃物质而停止。

在敞开的情况下，隔绝空气主要是使用各种灭火剂。如泡沫、二氧化碳、水蒸气等。

① 泡沫灭火剂。凡能与水混溶，并可通过化学反应或机械方法产生灭火泡沫的灭火剂，称为泡沫灭火剂。一般的泡沫灭火剂可用于扑救非水溶性可燃、易燃液体及一般固体火灾。

② 二氧化碳灭火剂。二氧化碳的密度比空气大，不可燃，也不助燃。灭火剂二氧化碳被压缩成液体，灌装在钢瓶内。当打开二氧化碳灭火器阀门时，从灭火器内喷射出来的是温度很低的气态和固态二氧化碳。能迅速降低燃烧物及其附近的温度，并冲淡燃烧区空气中的氧含量。

二氧化碳不导电、逸散快、不留痕迹，对设备、仪器和一般物质不污损，适用于扑救电气、精密仪器、档案室和价值高的设备等发生的火灾。

③ 水蒸气灭火剂。水蒸气的灭火作用主要是降低燃烧区域内的氧含量。当空气中水蒸气的含量达到35％以上时，就能使燃烧停止。水蒸气对于扑救易燃液体、可燃气体和可燃固体的火灾都有效，但在敞开的场所使用效果欠佳。

（4）化学反应中断法灭火　化学反应中断法又称抑制法，它是将抑制剂掺入燃烧区域，以抑制燃烧的连锁反应，使燃烧中断而灭火。用于化学反应中断法的灭火剂，有干粉灭火剂。

干粉（碳酸氢钠，俗称小苏打）是扑救石油化工等火灾最有效的灭火剂。它由基料干粉（碳酸氢钠）加入防潮剂、流动促进剂、结块防止剂等组成。干粉灭火剂平时贮存在干粉灭火器或干粉灭火设备中，灭火时用干燥的高压二氧化碳或氮气作动力，将干粉从容器中喷射出去，射向燃烧区火焰的根部，即可扑灭火灾。

干粉灭火剂主要用于扑救天然气、液化石油气、化工企业等可燃气体、可燃和易燃液体以及带电设备发生的火灾（电气火灾扑灭后要彻底吹扫净）。

3. 常用灭火器

灭火器是一种用于扑灭初起火灾的轻便灭火工具。目前常用的灭火器有酸碱、泡沫、二氧化碳、干粉等灭火器。

（1）酸碱灭火器　酸碱灭火器由筒身、瓶胆、筒盖、提环等组成，筒身内悬挂着用瓶夹固定的瓶胆，瓶胆内为浓硫酸，瓶胆口用铅塞封住瓶口，以防浓硫酸吸水稀释或与胆外碱性药液混合，筒内装有碳酸氢钠水溶液。使用时要将筒身颠倒，使两溶液混合，产生大量二氧化碳气体而产生压力，使筒内中和了的混合液从喷嘴向外喷出，冷却燃烧物，降低温度致火焰熄灭。

（2）泡沫灭火器　泡沫灭火器的构造和外形与酸碱灭火器基本相同，不同处就是瓶胆比较长。瓶胆内装硫酸铝水溶液，筒内装碳酸氢钠与泡沫稳定剂的混合液。当筒身颠倒时，两种药剂混合后产生二氧化碳，压迫浓泡沫从喷嘴中喷出。使用方法和注意事项与酸碱灭火器大致相同。灭火时，泡沫流淌并盖住燃烧物表面，达到隔绝空气、窒息的作用，停止燃烧。泡沫灭火器适用于扑救油脂类、石油产品以及一般固体物质的初起火灾。

（3）二氧化碳灭火器　二氧化碳灭火器由筒身（钢瓶）、启闭阀和喷管组成，筒内装液体二氧化碳。使用时先将铅封去掉，一手提着提手把，另一只手提起喷筒，再将手轮按逆时针方向旋转开启，由于压力下降，液体二氧化碳迅速汽化，高压气体即会自行喷出。灭火时，人要站在上风向，将喷管对准火焰根部扫射即可。使用时要注意防止握喷管的手被冻伤。二氧化碳灭火器主要用于扑救贵重设备、档案资料、仪器仪表、600V以下电器设备、易燃液体、油脂等火灾。

（4）干粉灭火器　干粉灭火器由筒身（钢瓶）、气阀控制部分、压力表、提手把、压把、保险栓、喷管等组成。筒体内充装干粉灭火剂和干燥的高压二氧化碳或氮气，灭火时只要提起灭火器，观察压力表指针在绿区以内，拔出保险栓，用手掌压压把，气阀内顶针立刻刺穿密封膜，筒体内高压气体推动干粉从筒底中心管口由下而上从喷管口喷射到火焰根部，由近至远将火扑灭。干粉灭火器适用于扑救石油类产品、可燃气体、电器设备的初起火灾。碳酸氢钠干粉灭火器不宜扑救固体可燃物，灭火后易死灰复燃，一定要注意。

灭火器要布置在明显的、便于取用的地方，现场要干燥通风，尽可能不受潮和日晒，平时应经常检查。灭火器要贴有充装日期和失效日期，过期及时更换，使灭火器始终处于良好状态。

六、火灾扑救的一般原则

1. 报警早，损失小

"报警早，损失小"，这是大量火灾事故的总结。火灾发生后，它的发展很快，所以当发现初起火灾时，在积极组织扑救的同时，尽快用各种通信手断，向消防部门报警（我国的火警电话号码为119）以及向企业领导汇报。报警时应讲清楚起火单位名称、详细地址、电话号码等并派人到路口接应，同时介绍燃烧物的性质和现场及内部情况，以便消防人员能迅速组织扑救。

2. 边报警，边扑救

在报警的同时要及时扑救初起之火，火灾发展过程通常要经过初起阶段、发展阶段最后到熄灭阶段。在火灾的初起阶段，由于燃烧面积小，燃烧强度弱，燃烧区温度不是很高，放出的辐射热量少，这是扑救、灭火的最佳时机，只要不错过该时机，可以用很少的灭火器材，如一只灭火器、一桶黄沙、少量水、一只麻袋、离心机袋、工作服、拖把等就可以扑灭火苗。所以，就地取材、不失时机地扑灭初起之火是非常关键的。

3. 先控制，后灭火

在扑救可燃气体、液体火灾时，可燃气体、液体如果从容器、管道中流出或喷出来，应首先切断可燃物的来源，然后再设法灭火。如果在未切断可燃气体、液体来源的情况下，急于求成，盲目灭火，是十分危险的。因为火焰虽扑灭，但可燃物仍继续向外喷散，易积聚在低洼处或某个角落，不易很快消散，如遇明火或炽热物体等着火源时会引起复燃或爆炸，极易导致严重的伤亡事故。因此，在气体、液体火灾发生时，未切断可燃物来源之前，扑救应以冷却保护为主，积极设法堵塞、切断可燃物的来源，然后再集中力量灭火。

4. 先救人，后救物

在发生火灾时，如果人员受到威胁，人和物相比，人是主要的，救人重于救物。应组织力量，尽快、尽早地将被困人员抢救出来。同时部署一定的人力疏散物资，扑救灭火。在组织抢救工作时，应注意先抢救受到火灾威胁最严重的人员，抢救时一定要稳妥、准确、果断、勇敢，以确保抢救人员和被救人员的安全。

5. 防中毒，防窒息

许多化工原料物品喷散挥发的气体是有毒的，燃烧时也会产生有毒烟雾。扑救时如不注意很容易发生人员中毒和人员窒息事故。因此，扑救时抢救人员应尽可能站在上风向，必要时佩戴防毒面具。

6. 听指挥，莫惊慌

化工企业生产工艺复杂，易燃易爆物质多，发生火灾时一定要保持镇静，认清灭火器材，迅速扑灭初起火。要做到这些，就要求企业员工制订周密的火灾扑救预案，加强防火灭火知识的学习，积极参加消防演练，平时多观察、熟识周围的情况（如工艺设备布置、消防灭火器材布置、水管阀门布置、通道、楼梯等情况），一旦发生火灾，就不会惊慌失措，手忙脚乱，能迅速正确地扑救初起火灾。当消防部门赶到后，一定要听从火场指挥员的指挥，统一协调灭火行动。同时，企业员工要正确提供火场情况，提供物质名称、毒性、燃烧性、数量、地点、部位等情况，协助、配合完成扑救任务。

企业员工应积极主动接受安全教育，提高安全素质，做到"三懂三会"（即懂得自救逃生常识、懂得火灾的预防措施、懂得扑救一般火灾的办法；会报警、会使用灭火器、会扑救初起火灾），一旦发生火灾，能发挥自身的主观能动作用，运用学到的知识进行自救和扑救火灾。

七、现场急救措施

在化工生产过程中，由于违章、违规及其他原因，不慎发生中毒、灼伤等人身伤害事故时，采取积极的、正确有效的救护措施，对减轻人体的伤害是非常有效的和必需的。

1. 误食毒物的抢救

① 如果误食的是非腐蚀性物质，应尽快设法催吐，使毒物大部分吐出。

② 设法洗胃，大量喝冷开水。

③ 如果误食的是腐蚀性物质，应尽快服牛奶、蛋清等。

④ 如果因中毒引起呼吸、心跳停止，除进行上述措施外，还应做人工呼吸和人工心脏按压抢救。

⑤ 呼叫急救中心（拨打120电话），并提供毒物、毒因。

2. 吸入性中毒抢救

① 抢救人员做好自身防护措施，并切断毒源、进行通风后，才能进入毒区抢救。

② 将中毒人员移至空气新鲜的地方，轻度中毒会逐渐恢复。

③ 重度中毒引起呼吸、心跳停止，应尽快进行人工呼吸和人工心脏按压抢救。

④ 呼叫急救中心（拨打 120 电话）。

⑤ 边抢救，边送医院，并提供毒物、毒因。

3. 接触性皮肤中毒、灼伤抢救

① 人员皮肤沾污危化物时，应尽快脱去沾污的所有衣、裤、鞋、袜。

② 就地用大量清洁的流动水，长时间地清洗（20 分钟以上）。

③ 呼叫急救中心（拨打 96120000、120 电话）。

④ 及时送医院救治，并提供致害物。

4. 皮肤接触高温物体烫伤抢救

① 发生皮肤烫伤，应就近用清洁的水进行冷却。

② 经 20 分钟以上冷却后，自感烫伤部位轻松后送医院救治。

③ 对大面积烫伤人员，不宜用水冷却清洗，应尽快送医院救治。

5. 眼睛被危化物灼伤的抢救

① 就近用清洁的流动水长时间进行清洗（20 分钟以上）。

② 翻开眼皮，不断的转动眼球。

③ 清洗至自我感觉轻松或疼痛减轻后，方可送医院救治。

切记：凡皮肤、眼睛接触危化物品造成伤害的，一定要保证现场抢救的质量，绝不能因急于送医院治疗而降低现场抢救的质量。现场抢救是至关重要的。对于酸、碱性物质沾污身体时，严禁利用酸碱中和原理抢救，以免造成更大的伤害。

第九章
应用写作

应用文写作是现代生活的必备技能，如请销假、证明、申请、总结、计划、项目申请书、项目实施方案等都经常用到。电脑的普及，尤其是百度功能的日益强大，使当代人大多使用网络语言，大都是套话、官话，模式相似、语言相仿。尤其对高职院校工科学生来说，这成了限制其正常发展的拦路虎，做过的事情说不清、写不出是高职学生的通病。为此，本书增添了应用文的写作一章，对常用应用文的书写进行简单介绍和练习，期望学生"能干、会说、善写"，为学生的职业发展奠定基础。

第一节
应用文写作的重要性

应用文写作不仅是现代生活工作的需要，更是求职与就业者的基本功。以银行贷款为例，申请贷款时我们要开具工作证明、工资证明、信用证明、身份证明等。工作后要面临各种申请、证明、总结、汇报等，可以说日常工作生活都离不开应用文写作，而且内容的表达效果还直接影响甚至决定着最后的结果。从这个意义上看，应用文写作是一种复杂的精神生产、是一种有效的智能开发，因而也应该成为现代从业人员的一种自觉行为和基本能力。同时，应用文写作是思想与信息传播的途径，写作不但是一种生产，而且是一种比较复杂的精神生产。其具体产品——文章的制作，就是将思想转化为语言符号，并以一定的体裁样式表现出来。如同物质生产一样，写作也有原料采购、制作加工、总体组装等生产过程，也有设计、制作、检验等全套工序流程；只不过写作的原料是自己所获得的感受与认识，其设备是人的精细大脑，其工具则是人类的语言符号。由于每个人的精神素质不同、知识结构不同、思维方式不同、所处的时代与社会环境也不尽相同，必然导致所产出的写作这种精神产品的质量也千差万别。但既然是精神产品，无论其质量如何，都会对客观世界产生不同程度的影响；尤其是那些高质量的精神产品，可以有力地推动时代和社会的进步。人类社会不可能没有思想交流，现在称之为"信息沟通"。写作，正是思想交流与信息沟通的重要形式。我们研究写作，也应该将它当作一种自觉的传播行为来看待。

从传播学的角度分析，人与人之间的信息沟通有三种社会和心理的需要。

一是互动的需要。每个人都需要在人际互动中认识自己，同时也认识他人和社会。无论是从事体力劳作还是技术工作，或者管理工作，都不可能离开互动，后者尤其如此。

二是影响他人的需要。影响他人的目的是宣传自己或自己的社会组织以及产品。目的在传授知识、促进认识，或增进共识、协调行动，或介绍、推销产品及服务等。公文中的指令、条例、讲稿、批示等，都是直接出于影响他人的需要。

三是表达感情的需要。人是有感情的动物，有感情就需要表达，表达的目的是希望他人来分享。写作就是一种极好的表达。或抒发喜怒哀乐，或寄托志向情趣，文学作品尤其表现明显。应用文写作中的传播效应正是基于上述几种心理需要来实现的。

信息沟通具体表现形式有四种。一是使人知——传播信息，比如通知。二是使人服——说明理由，比如可行性报告。三是使人感——引发共鸣，比如演讲。四是使人悦——让人接受，比如广告、解说词等；或者让人放心，比如合同、便条等。这四种形式只要产生效果，沟通、传播的目的也就达到了。

第二节
常用应用文写作格式介绍

一、证明信的写作

（1）证明信的概念　证明信是证明一个人的身份、经历或一件事情的真实情况所写的专用书信。它也通常被称为"证明"。

（2）证明信书写实例

实例一：固定式证明书信

证　明　信

××校办字××号

兹证明我校同志＿＿＿＿＿＿＿＿，因＿＿＿＿＿＿＿＿＿＿＿＿＿＿＿＿＿＿＿到
＿＿＿＿＿＿＿＿＿＿＿，请解决交通、住宿问题。

特此证明。

标题写"证明"或者"关于××××的证明"把事由一并写在标题里。

下面可以写收文单位，也可以不写。具体如下。

证　明

×××单位：

××××××

特此证明。

××××（盖章）
20××年××月××日

实例二：作为证件用的证明信

证 明 信

　　我厂工程师×××同志，技术员×××同志，前往湖北、广东、海南等省，检查并修理我厂出产的××牌热水器，望有关单位给予帮助。

　　特此证明。

×× 省××市×××厂（公章）

20××年××月××日

实例三：作为材料存入档案的证明信

证 明 信

××大学党支部：

　　××××年×月×日来信收到。根据信中要求，现将你校××同志、××同志的爱人的情况介绍如下：

　　××同志，现年××岁，中共党员，是我校石化学院教师，本人和家庭历史以及社会关系均清楚。该同志对教学工作认真负责，近年来多次被评为市级模范教师。

　　特此证明。

××省××市×大学党支部（公章）

20××年×月×日

实例四：个人出具的证明信

××局负责同志：

　　王××原为我校石化学院××级学生，曾担任前学生会主席职务，在校期间，该生遵守学校各项规章制度，没有参与任何不利于安定团结的活动。

　　特此证明。

证明人：龚××

20××年××月××日

实例五：学籍证明

　　兹有学生_____（姓名），_____（性别），系××××学院_____（专业）全日制普通高校专科生，于_____年×月入学，学制____年，身份证号_____，学生证号_____。现为我校_____级在校生，具有我校正式学籍。

　　特此证明！

××××××学院

20××年××月××日

（盖章）

二、申请书的写作

　　申请书是个人或集体向组织、机关、企事业单位或社会团体表述愿望、提出请求时使用的一种文书。

　　（1）申请书格式

　　① 标题。标题有两种写法，一种是直接写"申请书"，另一种是在"申请书"前加上内容，如"入党申请书""调换工作申请书"等。

　　② 称谓。顶格写明接收申请书的单位、组织或有关领导。

③ 正文。正文部分是申请书的主体，首先提出要求，其次说明理由。理由要写得客观、充分，事项要写得清楚、简洁。

④ 结尾。写明惯用语"特此申请""恳请领导帮助解决""希望领导研究批准"等，也可用"此致""敬礼"等礼貌用语。

⑤ 署名、日期。

（2）单位申请书范文示例

申请书范文一：

预备党员转正申请

敬爱的党组织：

从去年12月我被吸收为中国共产预备党员到现在已经快有一年了，在这一年中我更加严格要求自己，处处注意以一名党员的身份要求自己的言行，经常学习党的文件政策，收听观看党的新闻报道，不断充实自己、完善自己，并且定期总结自己的思想动态，向党组织汇报。经过这一年的预备期，我觉得自己不论在思想意识上还是在平时言谈举止中，都有了很大的提高，为了进一步接受党的教育，提高自己的思想，也为了正确树立自己的人生目标和理想，现按照党章规定向党支部申请转为中共正式党员。

我党自从1921年建党开始，走过了一段艰苦的风雨历程，时至今日，我党日益茁壮，越来越多的人加入党的怀抱，成为党的一员。这么多人加入我党更是证明了我们的信仰"共产主义"是人类伟大、进步、革命、合理的科学学说，它不仅体现着共产党人的向往和追求，更是我们赖以奋斗的强大的精神支柱。信仰共产主义，不仅可以使我们用共产主义的科学学说来观察世界、观察人生，树立科学世界观、人生观、价值观，而且还可以用共产主义的道德原则和规范来处理个人与社会、与集体、与他人的关系，培养高尚的道德情操。正是因为这种科学信仰和对于信仰的忠诚，我们党的史册上才有了夏明翰、方志敏、刘胡兰、董存瑞等一个个光辉的名字，也正是因为这种信仰和忠诚，在我党建设社会主义时期才有了雷锋、焦裕禄、王进喜、孔繁森等一座座巍峨的丰碑。

一年来我不断学习党的思想，增强党性，提高自身素质。去年党的××大胜利召开，在这之后我认真学习党的××大重要思想，同时认真学习习近平新时代特色社会主义思想。通过学习，我认识到党的宗旨是"全心全意为人民服务"，把"实现和维护最广大人民群众的根本利益"作为党的一切工作和方针政策的根本出发点，党的一切工作或者全部任务，就是团结和带领人民群众为实现这些利益而奋斗。学习党的××大重要思想，我深刻认识到党在新阶段的工作思路，加强了自己的责任感和使命感，提高了自己的工作能力以及学习和生活的动力。通过一年的学习，我更加坚定了共产主义理想、全心全意为人民服务的信念和艰苦奋斗的精神。在平时的生活工作中，保持积极向上的心态，努力做到乐于助人、关心团结同学，在工作中和生活中和同学不断沟通和交流，尽自己的能力帮助同学，体现一名党员的模范作用，同时在生活和学习中不断向老党员和老前辈学习，不断提高自己。

另一方面，在成为预备党员之时，大家给我提出了宝贵的意见和建议。我认为作为党员，有效沟通是必要的，不仅与党内成员，还要时刻保持与群众的沟通，在这方面我做得不够，在以后的生活和工作中我还需要不断增加这方面的能力，接受大家的意见。另外作为党员需要学会做思想工作，向大家宣传党的主张，宣传党的政策，团结群众，这方面也是我的欠缺之处。在今后的日子里我要特别注意有意识地增加这方面的能力，并尝试着向群众宣传党的知识和思想。

总之，在过去的一年里，我在组织的关怀和培养下，认真学习，努力工作，政治、思想、觉悟都有了很大的提高，个人素质也有了全面的发展。但同时也存在一些缺点和不足，在以后的日子里我将不断学习和提高，进一步严格要求自己，以争取更大的进步。以上是我预备期的基本情况，我恳请和渴望党组织按期接受我为正式党员，对我来说加入中国共产党将是我人生的一个重要里程碑，我将以此作为继续前进的新起点，实践入党誓言，使自己无愧于"中国共产党员"这这一光荣称号。如果这次不能按期转为正式党员，我仍旧将不断学习和不断进步，以一名正式党员要求自己，取得更大的进步，争取早日转为正式党员。

　　此致

敬礼！

申请人：

20××年××月××日

申请书范文二：

员工转正申请

　　尊敬的领导：

　　我于20××年×月×日成为公司的试用员工，到今天3个月试用期已满，根据公司的规章制度，现申请转为公司正式员工。

　　作为一名刚参加工作一年多的毕业生，初来公司，曾经很担心不知该怎么与人共处，该如何做好工作；但是公司宽松融洽的工作氛围、团结向上的企业文化，让我很快完成了从普通职员向高效职员的转变。

　　在岗试用期间，我在市场部学习工作。这个部门的业务是我以前从未接触过的，和我的专业知识相差也较大；但是在各部门领导和同事的耐心指导下，我在较短的时间内适应了公司的工作环境，也熟悉了公司的整个操作流程。

　　在本部门的工作中，我一直严格要求自己，认真及时做好领导布置的每一项任务，同时主动为领导分忧；专业和非专业上不懂的问题虚心向同事学习请教，不断提高充实自己，希望能尽早独当一面，为公司做出更大的贡献。当然，初入职场，难免出现一些小差小错需领导指正；但前事之鉴，后事之师，这些经历也让我不断成熟，在处理各种问题时考虑得更全面，杜绝类似失误的发生。在此，我要特地感谢部门的领导和同事对我的入职指引和帮助，感谢他们对我工作中出现的失误的提醒和指正。

　　经过这三个月，我现在已经能够独立处理公司的业务，整理部门内部各种资料。当然我还有很多不足，处理问题的经验方面有待提高，团队协作能力也需要进一步增强，需要不断继续学习以提高自己的业务能力。

　　这是我的第二份工作，这三个月来我学到了很多，感悟了很多。看到公司的迅速发展，我深深地感到骄傲和自豪，也更加迫切地希望以一名正式员工的身份在这里工作，实现自己的奋斗目标，体现自己的人生价值，和公司一起成长。

　　在此我提出转正申请，恳请领导给我继续锻炼自己、实现理想的机会。我会用谦虚的态度和饱满的热情做好我的本职工作，为公司创造价值，同公司一起展望美好的未来！

　　此致

敬礼！

申请人：××××

20××年××月××日

申请书范文三：退、休学申请

退学申请书

尊敬的院领导：

我是石油与化学工程学院 20 _____ 级 _____ 专业 _____ 班的学生 _____，学籍号为 _____。

现因 _____，特此申请退学。

请予批准。

此致

敬礼！

申请人：_____

时间：_____

休学申请书

尊敬的院领导：

我是石油与化学工程学院 20 _____ 级 _____ 班的学生 _____（学籍号为 _____）。

现因 _____，导致现在无法正常参加学习，与家人慎重考虑后，向学院提出休学申请，期限为 ____ 月，自 _____ 年 ____ 月 ____ 日至 _____ 年 ____ 月 ____ 日。

请予批准。

此致

敬礼！

申请人：_____

时间：_____

申请书范文四：复学申请

复学申请书

尊敬的学院领导：

我叫×××，因休学期限将至，特向学校提出申请，要求复学。

我原是××系××级××班的学生，因在第二学年开学不久（20××年××月）因 _____ 经学校批准，于20××年1月休学回家休养。现申请跟随 ____ 级班学习。

希望领导考虑我的请求，并能尽快给予答复。

请接受我衷心的敬意！

学生：

20××年××月××日

三、请假条的书写

请假条的书写格式一

请假条

尊敬的公司领导：

本人因 _____，需请假 _____ 天（需写清楚具体天数），请领导予以批准！

此致

敬礼！

请假人：

20××年××月××日

请假条的书写格式二

尊敬的老师：

　　您好！我是_____级_____专业_____班的学生_____，学号是_____，因为_____，需要请假，日期为××××年××月××日到××××年××月××日，去往地点是_____，请假期间有效联系方式为_____。本人保证保护好往返途中的个人人身和财产安全，保证不耽误学习课程，保证不参加任何违法活动。恳请您批准，谢谢！

　　此致

敬礼！

请假人：

20××年××月××日

四、个人简历的书写

个人简历书写模板一

个人简历

应聘职位：_____填表时间：_____年_____月_____日

姓名	性别		文化		照片
	身高		政治面貌		
籍贯			民族		
户口所在地			出生年月		
身份证号码			现居住地址		
毕业院校			毕业时间		
学习专业			爱好特长		
个人简介					
社会实践					
待遇要求					
联系方式			固定电话		
地　址					

个人简历书写模板二

个人简历

姓名：　　　　　　　　　应聘岗位：

学校：　　　　　　　　　政治面貌：

邮箱：　　　　　　　　　联系方式：

照
片

教育经历
_____

×××学院(学院)　　　　　　　20××年×月—20××年×月
所学专业：
相关课程：
荣誉奖项
_____

组织和社团经历
_____

技能及其他
_____

语言：

技能：

爱好：

五、自荐信

自荐信书写范文一
尊敬的领导：
您好!
感谢您在百忙之中抽出宝贵的时间垂阅我的自荐信，为一位满腔热情的大学生开启一扇希望之门。借此择业之际，我怀着一颗赤诚的心和对事业的执着追求，真诚地推荐自己。以下是我的自我介绍。

我是××××学院××××专业一名即将毕业的学生。在大学期间，我学习努力，成绩优秀，不仅系统学习了一些专业的理论知识，而且积极地参加社会实践工作，锻炼了自身的心理素质和人际交往能力。

大学期间的学习、生活培养了我的责任心和吃苦耐劳的精神，让我学到了很多知识，同时在团队合作方面有了很大的提高。

我十分珍惜求学生涯的学习机会，四年里本着严谨的求学态度，认真学习了专业知识，掌握了专业技能，涉猎了丰富的相关课外知识。在校期间积极参加各项活动，在三年的大学生活中，严格要求自己，不断进取。在生活方面，热情待人，担任班干部期间积极组织班级活动，受到老师、同学的一致好评。我能够吃苦耐劳、诚实、自信、敬业，具有较强的责任心，并且脚踏实地努力办好每一件事。

在校期间我虽然得到了全方位的发展并取得了一些成绩。诚然，缺乏经验是我的不足，但我拥有饱满的热情以及"干一行爱一行"的敬业精神。在这个竞争日益激烈的时代，人才济济，我不一定是最优秀的。但我对自己充满自信。"天行健，君子以自强不息"一直是我的人生格言！

过去并不代表未来，勤奋才是真实的内涵。我相信我能够很快适应工作环境，并且在实际工作中不断学习，不断完善自己，做好本职工作。

我真诚地希望能得到贵单位的青睐！

热切期待您的回音！

敬祝：贵单位事业蒸蒸日上！

自荐人：××

××××年××月××日

自荐信书写范文二

尊敬的贵单位领导：

您好！

感谢您在百忙之中翻阅我的自荐信，对一个即将迈出校门的学子而言，这将是一份莫大的鼓励。相信您在给予我一个机会的同时，也多了一份选择！即将走向社会的我怀着一颗热忱的心，诚挚地向您推荐自己！我叫×××，是××××学院的毕业生。真诚希望能成为贵单位的一员。

大学期间，我在老师的指导和自己的努力下，学习掌握了扎实的理论基础知识，熟悉了化工场所常用仪器与设备；同时，我在课外时间广泛地学习了应用软件以及很多有关专业书籍，不仅充实了自己，也培养了自己多方面的技能。我有较强的管理能力、活动组织策划能力和人际交往能力，曾担任××××、××××，作为学生干部，我工作认真、学习刻苦、成绩优异，得到学校领导、老师、同学的一致认可和好评，多次获得校三等奖学金、三好学生和校优秀共青团员荣誉称号，还获得过校学生会优秀部员称号，并在××××获得一等奖的好成绩。

作为工科生，我对基本功尤为重视，平时认真做实验，注意锻炼动手能力。大二期间参加了大学生实验创新项目，圆满完成了任务并和其他成员共同发表了一篇论文。通过努力，我还考到了英语四级证书和国家计算机二级证书。

实践上，我积极地参加各种实践活动，比如校里的书法大赛等。抓住每一个机会，不断锻炼自己。假期时去做了寒、暑假工，在这其中，我深深地感受到，看似简单的事情，其实也没那么容易做好，使我获益匪浅。

思想上，我思想积极进步，品质优秀，坚持诚实守信的做人原则，待人热情友好，××年我光荣地被党组织吸收为预备党员，去年转正，现在已经成为一名正式党员。

大学里，丰富多彩的社会生活和井然有序而又紧张的学习气氛，使我得到多方面不同程度的锻炼和考验。正直和努力是我做人的原则；沉着和冷静是我遇事的态度；爱好广泛使我非常充实；众多的朋友使我倍感富有！更重要的是，严谨的学风和端正的学习态度塑造了我朴实、稳重、创新的性格。我有很强的事业心和责任感，这使我能够面对任何困难和挑战。

通过对贵公司的认真了解后，我热爱贵公司所从事的事业。很希望能够在您的领导下，为公司的光荣事业添砖加瓦，并且在实践中不断学习进步。我的经验不足或许让您犹豫不决，但请您相信，我的干劲与努力将弥补这暂时的不足，也许我不是最好的，但我绝对是最努力的。我相信：用心一定能赢得精彩！愿您的慧眼，开启我人生的旅程。尊敬的领导，希望您能够接受我真诚的谢意，感谢您能在百忙之中给我关注！

祝愿贵单位事业蒸蒸日上，再创佳绩！希望领导能够对我予以考虑，再次感谢您为我留出时间，阅读我的自荐信，祝您工作顺心！我热切期盼您的回音。谢谢！

邮箱：×××××××××

联系方式：×××××××××

教育家叶圣陶说过："大学毕业生不一定会写小说诗歌，但是一定要会写工作中和生活中使用的文章，而且非要写得既通顺又扎实不可。"应用文写作能力是职场人士的工作必需品和生活必需品，更是受过高等教育的优秀人才的必备技能。应用文写作能力的培养与学生职业技能的培养密切相关，掌握了应用文写作，能够大大提升学生的职业技能水平，帮助学生在职业发展的路上走得更快、更好、更稳。

第十章
企业概述

　　作为职业教育院校的毕业生，对企业肯定充满了好奇，想去一探究竟，以便能在未来的工作中更好地发挥自我，实现人生价值。例如，企业的基本架构是什么样子、董事长总经理的分工如何安排、市场如何开拓、如何才能从一名普通员工走向更高的领导岗位、如何更好地与同事和领导合作协调等。当然可能还有更深层次的问题，如企业如何发展才能成为优秀的企业，中国企业发展历史、现状及未来，国际企业的基本情况，以及企业的人力资源管理、企业的财务融资、基金证券银行贷款等等。本章结合职业教育的实际要求和学生的实际情况，针对学生想了解的实际问题和应该了解的实际问题做了一个浅显的沟通，以期能够为高职学生日后的工作起到有益的帮助和积极的促进。

第一节
中国企业发展概述

一、民国时期的企业发展

　　中国曾是一个农耕文明的历史古国，因为中国古代农耕技术的成熟，使得大量人口结束了不断迁移的生活状态，过上了耕种土地、相对稳定的聚居生活，在这样的生活状态下，逐渐形成了辉煌灿烂的中国古代农耕文明。"生产力决定生产关系，生产关系决定上层建筑"，这一马克思辩证唯物主义发展观在历史的发展进程中得以证实。

　　到了近代，随着欧洲国家工业技术的发展，现代工业生产出现，生产力水平大幅提高，在社会私有制基础上逐步发展起来的市场交换更趋完善，结合社会化的工业生产，产生了股份制合作企业；为了股份更好地交换和流通，产生了证券市场，出现了股票。

　　国家之间的竞争很大程度上取决于生产力的竞争、经济能力的竞争、综合国力的竞争。西方国家的经济发展，客观上带来了其综合国力的提升，很多西方国家开始在全球寻找发展机会、开拓贸易市场。而当时的中国还处于闭关锁国的清王朝末期，完全不同的两种社会制度格局必然产生激烈的碰撞，从而导致了中国近代的屈辱。中国在不断战败的残酷事实下，开始变革图新，学习西方的生产力并效仿西方的生产关系，这就是民国时期的社会雏形。

　　民国时期，中国出现了现代企业模式，产生了很多工厂，促进了一些大城市的发展，如上海、广州、南京、天津等。同时也出现了股票市场、现代金融。当时的中国上海号称"东方华尔街"，与世界各国有充分的合作和交流，市场经济一度繁荣。

【案例10-1】　　　　　　　　**美国钢铁大王卡内基**

安德鲁·卡内基（Andrew Carnegie，1835年11月25日～1919年8月11日），20世纪初的世界钢铁大王，生于苏格兰，父亲是纺织工人，因生活太过艰难，12岁随家人移居美国宾夕法尼亚州阿勒格尼。卡内基13岁时在纺织厂里当小帮工，一星期赚1.20美元。他十六岁时是一名电报传递员，每月工资25美元，有空还勤读莎士比亚的作品。

他进过棉纺厂，当过邮差，干过电报员。他一生接受的教育并不多，主要靠自学成才，并靠个人奋斗兴办铁路、开采石油、建造钢铁厂，最终成为世人羡慕的亿万富翁。晚年的卡内基热心慈善事业，并将自己的全部财富无偿捐献给了社会。1919年去世前，卡内基一共捐出350,695,653美元。卡内基认为财富不应当传给自己的后代，临终前立下遗嘱，要把剩余的3000万美元全部捐出。他有一句名言："一个人死的时候如果拥有巨额财富，那就是一种耻辱。"

在他去世后，他的"卡内基公司"仍在实施他的捐献计划，世界上许多地区的人们因此而受益。

卡内基的一生，不仅是一个苏格兰穷孩子实现美国梦的精彩故事，更是一段人性光辉留存世间的不朽传奇。他是开创美国工业历史的实业家，现代商业模式的缔造者。他是和福特、摩根、洛克菲勒齐名的钢铁巨人。按照今日的标准计算，他的财富已经远远超过比尔·盖茨。

他是安德鲁·卡内基——拿破仑·希尔最推崇的20世纪最伟大的企业家——不仅创造和捐献了亿万财富，更留下了一段光辉人性的不朽传奇。

1919年8月11日，安德鲁·卡内基因肺炎去世，享年84岁。

［出处：百度百科，有删改］

想一想：开创企业需要什么样的企业家精神和社会环境？

【案例10-2】　　　　　　　　**石油大亨洛克菲勒**

约翰·洛克菲勒，全称约翰·戴维森·洛克菲勒（John Davison Rockefeller，1839年7月8日～1937年5月23日）（图10-1），美国实业家，慈善家，是十九世纪第一个亿万富翁，被人称为"石油大王"。

1839年7月8日，洛克菲勒出生于纽约州哈得逊河畔的一个名叫杨佳的小镇。洛克菲勒家境贫寒，他从小就接受父亲的商业训练，并继承了母亲的勤俭美德。1853年，他的家庭搬到了俄亥俄州的克里夫兰（Cleveland）。1855年，洛克菲勒高中毕业；同年，洛克菲勒付费到一所学校就读，那是福尔索姆商业学院设在克利夫兰的分校，他只学了三个月；9月，洛克菲勒在经过六个礼拜的求职后，终于在Hewitt&Tuttle公司开始了第一份工作：簿记员。1857年，约翰·戴维森·洛克菲勒成为该公司的主任簿记员，年薪也从300美元涨到了600美元。1858年，洛克菲勒与克拉克（Maurice B. Clark）

合伙开始独立经营农产品转售的生意。23 岁时决定从事炼油业。1859 年 3 月 18 日，洛克菲勒和克拉克合伙开的公司正式开业。1863 年，洛克菲勒和克拉克两人成立 Clark & Rockefeller 公司，转向石油提炼投资，并揽入了另一位合伙人，化学家安德鲁斯（Samuel Andrews），合资在克利夫兰建立炼油厂。1865 年，洛克菲勒和克拉克在经营方针上出现了严重纠纷。洛克菲勒大量借债筹措现金，在拍卖会上以 72500 美金成功将克拉克的股权全数买下，而公司名亦改为 Rockefeller & Andrews。1866 年，洛克菲勒揽入自己的弟弟威廉（William Rockefeller）为生意伙伴。1867 年，洛克菲勒揽入亨利·弗拉格勒（Henry M. Flagler）为另一合伙人，成立炼油公司 Rockefeller, Andrews & Flagler。1870 年，洛克菲勒与人合办埃克森-美孚石油公司。1882 年，洛克菲勒成为美国历史上第一个托拉斯。1892 年，法院裁定美孚石油托拉斯为非法垄断企业，洛克菲勒被迫将财产转到各分公司名下，但仍由原董事会集中经营。

1896 年，洛克菲勒退休。

1899 年，洛克菲勒又将分公司联合，成立新泽西美孚石油公司。

1937 年 5 月 23 日，洛克菲勒去世。

图 10-1　约翰·戴维森·洛克菲勒

洛克菲勒创建了第一个联合事业——托拉斯。在这个托拉斯结构下，他合并了 40 多家厂商，垄断了美国 80% 的炼油工业和 90% 的油管生意。托拉斯在全美各地、各行各业迅速蔓延开来。洛克菲勒成功地造就了美国历史上一个独特的时代——垄断时代。

［出处：百度百科，有删改］

思想启迪：时势造英雄。

案例评论：卡内基和洛克菲勒是两位杰出的企业家，企业家是社会宝贵的财富。美国对企业家的尊重相当于中国对领袖的尊重、法国对知识分子的尊重、英国对绅士的尊重。美国人把国家的发展归功于杰出企业家的贡献，是一代代企业家成就了美国的辉煌，如卡内基、洛克菲勒、摩根、福特、比尔·盖茨等。

当时的中国正处于清朝末年，辛亥革命初期，中国共产党刚刚成立，没有一个适合企业发展的环境和土壤。而卡内基和洛克菲勒在企业发展的过程中采取的很多措施和方法，如兼并、收购、合伙、融资等手段，这些都需要有正确的国家法律为依托才可以有序推进，否则会起到相反的作用，很难产生杰出的企业家和优秀的企业集团。

二、新中国成立初期到改革开放期间的中国企业简介

从建国初期到改革开放时期，新中国的企业发展走过了一段曲折的弯路。建国初期对民营企业的社会主义改造，使得大量的私营、民营企业完成国有化、公有化，产生了

大量的国有企业、集体企业，这些企业按照国家计划经营生产，即常说的计划经济。这样的国家生产模式使得企业失去了市场主导作用，一方面市场需求的产品没计划不能生产，另一方面按计划生产的产品不一定符合真正的市场需求。企业的盈亏与企业主导者个人没有切实的关联，使得企业在很大程度上失去发展的原动力，企业重大发展决策流于形式，整个社会经济发展呈现整体滑坡状态，出现了较严重的结构失衡，人民生活相对困难。

三、改革开放后的中国企业

开放国门，发展市场经济，使得中国企业的发展回归市场本源，从而使企业获得了长足的发展，市场经济繁荣，综合国力不断提升。改革开放后出现了大量的民营企业、外资企业、股份制企业，证券市场开始运营，资本市场成立并进一步活跃，行业发展、行业竞争逐步充分，与国际合作不断加强，人民生活不断改善。

当下，面对新的国内国际形势，中国提出了"一带一路"国际合作倡议，提出并推进建设多个自由贸易区，不断推进人民币国际化。这些举措都为中国企业走出去提供了便利和保障，为企业发展创造出更多良好的契机，应该说中国企业又迎来了一个新发展阶段。

【案例10-3】　　　　　　　　华为的故事

华为的创始人是任正非（图10-2），1944年出生于贵州一个偏僻的小镇，1987年开始创业，当时已43岁。现在华为是全球最大的数字智能制造运营商，2016年年产值5216亿元，员工18000人，是中国民营企业的一面旗帜。

图10-2　任正非

华为是全体员工持股的公司，从代理交换机到自主研发开拓国内国际市场，走过了艰辛的道路，遇到很多挫折；从农村市场到城市市场，从国内企业到成立合资企业，开拓美国市场、欧洲市场，每一步都是企业发展过程的里程碑。

任正非是重庆大学计算机系的学生，"文化大革命"期间，他趴火车回家看望蹲牛棚的父亲。当时他父亲是教师，老人指导他回去好好学习，不要耽误时间。任正非回到学校自学计算机、外语、高数等，有了很深的文化基础，后来当工程兵，转业到工厂，直到43岁才开始创业发展。

华为的故事很多，仅做简要说明，同学们可以通过各种渠道查阅相关资料。

案例分析：

① 华为的诞生和发展得益于改革开放的基本国策。

如果没有改革开放，不可能有华为的诞生，因为民营私营企业与计划经济是相违背的。

② 华为的发展源自企业家任正非不断进取的奋斗精神。

企业家是企业发展的核心，企业家的诞生需要社会的土壤。著名经济学家茅于轼曾经说过："改革开放之前有军人、干部、科学家、群众，改革开放后只是多了一个企业家，经济就得到了发展。"因此企业家对社会的作用是不容忽视的，现在从中央到地方也在不断提高企业家的社会认可，以激励企业家的创业热忱。

③ 企业是平台，员工在优质的企业平台上认真、努力地工作才会有好的发展。

华为公司从小到大，经历了很多跨越。这些跨越都是在项目完成的过程中实现的，参与者也就是公司员工也在这过程中得到锻炼和提升。那些责任心强、技术水平高、忠诚度高、有事业心的员工被推上重要岗位，从而得到更多锻炼，会更优秀。

④ 2019 年 4 月 11 日华为实现了开售 10 秒突破 2 亿的销售佳绩。更让国人兴奋的是，华为新款手机实行国内外不同价，国内价格比国外价格便宜近一半，中国人切实感受到了民族企业崛起带来的实惠。

第二节
企业的基本构架

不同的企业有不同的架构需求，这是一个随着科技和时代的发展不断提升更新的过程，适合企业发展、能更好地服务于客户的架构就是企业最好的架构形式，这里简要介绍现代企业的基本架构。

以股份制公司为例，公司的最高权力机构是股东大会，股东大会设立常务机构董事会，董事会对股东大会负责，负责落实执行股东大会决议精神。董事会负责人是董事长，董事长对董事会负责。董事长还可下设副董事长、执行董事等职务，主要协助董事长工作。董事会还需要下设监事会，负责监视董事会工作，对股东大会负责。监事会设监事长，对监事会负责，年终对股东大会汇报工作。

以上是公司的所有者组织机构。公司为了保证运营，还有管理运行机构，管理运营的总负责人是公司总经理，也称 CEO。总经理对董事长负责，负责组织公司的日常管理运营，落实公司年度发展目标，带领公司团队发展，实现公司战略目标。

总经理下设副总经理，包括负责财务的副总、负责市场开拓的副总、负责生产经营的副总，还有负责行政管理的副总等，副总对总经理负责，协助总经理完成日常管理工作。

在各副总下面设置职能部室，如市场营销部、技术开发部、人力资源部、生产经营部、财务部、档案室、综合部、督察部、保安部等部室，还有直属于董事长或总经理的秘书科等，这些部室都是在副总领导下负责公司一线生产经营的；各部再设立部长、副部长等职务，部长、副部长负责组织领导员工。

【案例10-4】

东营某石化企业的行政管理机构图,如图 10-3 所示。

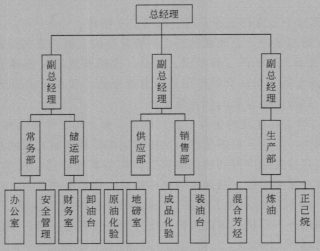

图 10-3 东营某石化企业的行政管理机构图

总经理负责整个企业的总体运行,下设三个副总,分别负责常务部和储运部、供应部和销售部、生产部等。学生就业主要面向生产部的各生产车间,各车间包括多个岗位,包括外操工、内操工、副班长、班长、技术员、车间主任助理、车间副主任、车间主任。其中学生初次就业岗位多为操作工(外操工、内操工),二次就业的岗位多为班长。

【案例10-5】

东营某石化企业生产管理结构图,如图 10-4 所示。

生产过程由董事长总负责,总经理管理,生产副总经理直接管理,生产车间主要包括正己烷车间、常减压车间和芳烃车间。学生进入企业之后先轮岗,然后再定岗,初次就业岗位为各个车间的操作工,二次就业岗位为班长。

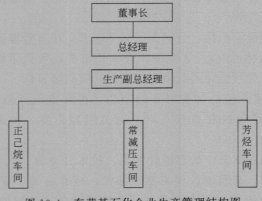

图 10-4 东营某石化企业生产管理结构图

第三节
企业的运行目的及运行方式

 一、企业运行的目的

企业存在的目的是一个很大的命题，"企业以追逐利润为目的"的提法并不是完全正确的商业概念，企业为了利润不择手段也是绝对错误的做法。李嘉诚对什么是"好买卖"曾做了一个通俗易懂的定义：只有双方都挣钱的买卖才是好买卖。

实际上，商业伦理和商业哲学的真谛在于市场提供的交换，因交换促生了商业活动，并产生了商业价值。交换的目的是交换双方各自所需，因此商业交换是双赢或多赢的，企业是为了促成更好的交换而形成的各种商业组织。

社会在企业生产、市场交换、市场需求不断提升的过程中取得进步，这也是西方商业文明社会发展的原动力。中国改革开放后，经济建设取得了长足的发展，执行社会主义市场经济政策是核心因素，经济发展、社会进步的关键在于社会机制。

企业运行的目的就是为社会提供需要的产品或服务，从中交换相应的货币，得来的货币再用于企业生产和利润分配，在这样的运行过程中促进社会进步、时代发展。

二、企业运行的方式

企业首先要设定业绩目标，制定公司战略，根据公司战略目标量化工作内容，然后将工作内容根据部门分工和各部门具体情况分解，由各部门承担具体任务。

工作分配完成后项目还没有结束，要安排职能部门不断跟进落实，评估考核，实现最终的业绩。

【案例10-6】 卖鞋的故事

在西方有这样两个不同鞋厂的推销员，他们都到太平洋的一个岛上去推销鞋子，这个岛上人们都赤脚，从来不穿鞋子。其中的一个推销员感觉这里的人不穿鞋，认为没有必要在这里卖鞋，所以没加思考就打道回府了。

另外一个推销员看到岛上的状况后，非常兴奋，他向公司汇报里表示发现了一个巨大的市场。他认为，岛上的人不穿鞋，将来就有可能穿很多的鞋，只是他们还没发现穿鞋的好处。于是他留下来开发鞋子市场、宣传公司品牌，让大家免费试穿鞋子，逐步让岛上的人认识并接受穿鞋的好处，从而垄断了岛上的鞋子市场，为公司赢得了丰厚的利润。

案例分析：

企业的目的首先是给需要的人提供合适的服务。岛上的人不穿鞋，也没有穿鞋的经历，并不是因为他们不需要穿鞋，就如同古代中国没有高铁只能骑马一样，并不是不需要高铁。因此企业为人们提供了穿鞋的解决方案，从而获得了市场和发展。

思想启迪：

① 供给侧改革的意义就在于此，消费者不是不需要服务，而是要通过提供不同的服务来开发消费者的消费。

② 方法不对，一切白费；不同的思路带来不同的出路。

三、企业运行的组织形式

企业运行的组织形式服务于企业的根本战略，通过专业分工，使各部分有机协调、提高效益。其形式的确定主要考虑组织环境、技术、人力资源、组织规模和战略目标。简单介绍企业运行的三种组织形式。

1. 直线型的组织形式

直线型的组织形式（图 10-5），最典型的是军队管理模式。

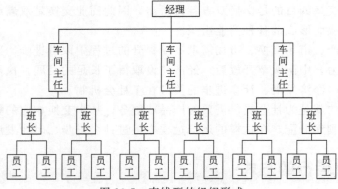

图 10-5　直线型的组织形式

理论分析：组织中只有一套纵向的行政指挥系统。

优点：结构简单，权责明确，领导从属关系简单，命令与指挥统一，上呈下达准确，解决问题迅速。

缺点：没有专业管理分工，对领导的技能要求高。

适应对象：小型企业、个体工商户。

2. 职能型的组织形式

职能型的组织形式，如图 10-6 所示。

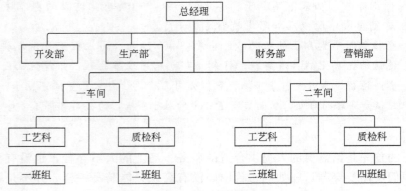

图 10-6　职能型的组织形式

理论分析：以职能分工为基础的分级管理结构。

优点：促进管理专业化分工，解决了管理人员的品质技能与管理任务不相适应的矛盾，使决策者从日常烦琐的业务中解脱出来，集中精力思考重大问题，提高管理成效。

缺点：破坏了命令统一的原则，部门之间协调困难。

适应对象：中小型的、产品品种比较单一、生产技术发展变化较慢、外部环境比较稳定的企业组织类型。

3. 矩阵型组织形式

矩阵型的组织形式如图 10-7 所示。

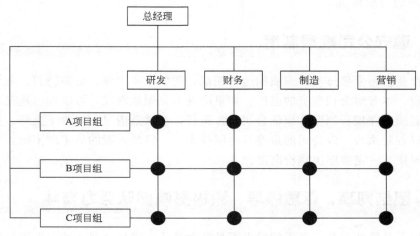

图 10-7 矩阵型的组织形式

理论分析：在原有的纵向垂直领导系统的基础上，又建立一种横向的项目领导系统；各成员既同原职能部门保持组织与业务上的联系，又参加项目工作。

优点：资源共享，集中优势解决问题。

缺点：员工卷入双重领导。

适应对象：环境多变，创新性强，工作任务需要多种技术的组织。

第四节
如何工作才能在企业有更好的发展

企业的目的是完成社会赋予的各种生产职能，为社会提供市场需要的服务，从而使社会资产保值增值，在这样的过程中实现企业的发展壮大。因此员工首要的目的是为企业的客户负责，把工作做好，服务好客户，培养客户的忠诚度，从而服务好企业。

一、员工初进公司要努力端正工作态度，服务好公司客户

员工不能只为薪酬而工作，要培养良好的职业素养，不能唯利是图，正所谓"因钱而聚，终将因钱而散"。公司在商业竞争中发展，就如同渡轮在大海上航行，会遇到风浪

和困难，需要船长和船员齐心合力，船长不能因为风大浪急放弃前行，船员也不能因为条件恶劣而不去划桨；如果船长放弃信心，船员只为自己，那么渡轮必将会沉入海底。企业发展的道理也是如此，企业投入一个项目，在项目的推进过程中会像渡轮遇上风浪一样遇到各种困难，有资金方面的、有政策方面的、有各种社会因素干扰的、有团队合作方面的，还有各种不可预见的困难。公司需要的是能和公司风雨同舟、共赴前程的同路者，而不是半途而废、只顾自己、不负责任、拔腿就跑的逃兵，那些只能与公司同甘而不能和公司共苦的员工在企业里不可能有很好的发展，因为任何一家公司老板都不可能把重要任务交给一个没有责任心和忠诚度的人。因此端正工作态度、培养职业素养是员工取得发展的首要修炼。

二、遵守公司规章制度

公司制度是公司发展过程中形成的运行规范，例如工装工牌、请假销假、业绩考核、职位升迁等规定，本着对公司负责的态度，如果出现不合理地制度，可以提出建议，但是在新制度出台前必须遵守现行制度，保证公司正常运行。在紧急情况下，为了更好、更及时地服务客户，可以创新执行，以公司的最终目的服务客户。但新入职的员工请牢记，当我们无法制定制度的时候，一定要坚决执行制度。

三、团结同事，尊重领导，积极影响团队努力奋斗

团结同事不是随波逐流，尊重领导也不是唯命是从，要从公司业绩出发积极思考、献言献策，积极影响团队合作发展，做出更大业绩。从做一个正能量的人开始，积极融入团队努力奋斗，真正实现 $1+1>2$。

四、追逐内心的需求，发挥自身优势

现在的中国是一个开放的时代、发展的时代、包容的时代、与世界融合的时代。创新发展是时代的主旋律，是社会发展不竭的动力，中国也只有不断创新发展，才能真正在世界民族之林中立于不败之地。创新需要个性的发挥、独立的思考、不断的追求和探索。因此作为个体，就应该结合个人优势、不断地与自己的心灵对话、结合自己的兴趣和爱好，努力探索，谋求更大的发展，为社会进步做出更大的贡献！

阅读延伸

比尔·盖茨

1955 年 12 月 28 日，威廉·亨利·盖茨 3 世（William Henry Gates Ⅲ），即比尔·盖茨，出生于美国西海岸华盛顿州的西雅图市。盖茨祖母给他取的小名为"特莱（Trey）"，即扑克牌中"三点"之意。父亲威廉·亨利·盖茨（William Henry Gates, Sr.）是当地的著名律师，他过世的母亲玛丽·盖茨（Mary Maxwell Gates）是华盛顿大学董事、银行系统的董事以及国际联合劝募协会（United Way International）的主席，他的外祖父 J. W. 麦克斯韦尔（J. W. Maxwell）曾任国家银行行长。盖茨和两个姐姐一块长大。

1967 年，盖茨已上六年级，是一位不愿与人交流的学生。秋季，盖茨进入湖畔中学（Lakeside School）就读，这是一所私立男校。他当时是班上个子最小的学生，但却穿着 13 码的鞋子。

1968 年，盖茨与他湖畔中学的同学保罗·艾伦（Paul Allen）利用一本指导手册，开始学习 BASIC 编程。当时该校拥有一台 PDP-10 计算机，其使用时间的年度预算资金为 3000 美元。仅仅数周内，盖茨和艾伦便花光了这笔预算。不久后，这两名小男孩与"计算机中心公司"（CCC）签订了一份协议。协议规定，盖茨和艾伦向 CCC 报告 PDP-10 存在的软件漏洞；作为回报，CCC 则向他们两人提供免费的上机时间。

1971 年，盖茨为湖畔中学编写程序，其中包括一款课表安排软件。

1972 年，盖茨卖掉了他的第一个电脑编程作品——一个时间表格系统，买主是他的高中学校，价格是 4200 美元。

1973 年，盖茨考进了哈佛大学，盖茨在 SAT（美国大学入学考试）标准化测试中得分 1590（满分 1600）。虽然盖茨记忆力很好，但他却有不少"臭毛病"：经常逃课、不爱洗澡、在编程或玩牌时就只吃比萨饼和喝苏打水。盖茨与同宿舍的史蒂夫·鲍尔默（Steve Ballmer）结为密友。在哈佛的时候，盖茨为第一台微型计算机 MITS Altair 开发了 BASIC 编程语言的一个版本。

1975 年 1 月，在当月出版的美国《大众电子》（Popular Electronics）杂志上，刊出了一篇 MITS 公司介绍其 Altair 8800 计算机的文章。艾伦向盖茨展示了这款机器图片。数天后，盖茨就给 MITS 总裁爱德华·罗伯茨（Edward Roberts）打电话，并表示自己和艾伦已经为这款机器开发出了 BASIC 程序。实际上当时他们一行代码也没有写。1975 年 2 月 1 日，经过夜以继日的工作后，盖茨和艾伦编写出可在 Altair 8800 上运行的程序，出售给 MITS 的价格为 3000 美元，但相应版税却高达 18 万美元。

1976 年 11 月 26 日，盖茨和艾伦注册了"微软（Microsoft）"商标。他们曾一度考虑将公司名称定为"艾伦和盖茨公司（Allen & Gates Inc.）"，但后来决定改为"Micro-Soft（即'微型软件'的英文缩写）"，并把该名称中间的英文连字符去掉。当时艾伦 23 岁，盖茨 21 岁。

1977 年 1 月，盖茨从哈佛大学辍学，然后前往美国新墨西哥州阿尔伯克基（Albuquerque）市。在那儿，他找到了一份为罗伯茨编写程序的工作，工资标准是每小时 10 美元。MITS 总部位于阿尔伯克基，盖茨也把微软总部设在此地。

1977 年，盖茨秘书在进入微软办公大楼时，经常发现盖茨本人躺在地板上睡大觉。他这时仍然喜欢吃比萨饼，同时对手下要求非常严格，并经常与同事进行激烈争辩。盖茨当时经常挂在嘴边的话是："这是我有生以来听说过的最愚蠢的想法。"

1979 年 1 月 1 日，盖茨把微软总部迁往华盛顿州贝莱佛（Bellevue）市。

1980 年 8 月 28 日，盖茨与 IBM 签订合同，同意为 IBM 的 PC 机开发操作系统。随后他以 5 万美元的价格购买了一款名为 QDOS 的操作系统，对其稍加改进后，将该产品更名为 DOS，然后将其授权给 IBM 使用。

1982 年，在上市销售的第一年期间，盖茨向 50 家硬件制造商授权使用 MS-DOS 操作系统。

1983 年 11 月 10 日，Windows 操作系统首次登台亮相。该产品是 MS-DOS 操作系统的演进版，并提供了图形用户界面。

1985 年，30 岁的比尔·盖茨（图 10-8）意气风发。

图 10-8　30 岁的比尔·盖茨

1987 年，于美国纽约市曼哈顿区举行的新闻发布会上，盖茨与梅琳达·法兰奇（Melinda French）相识。

1990 年 5 月 13 日，当天为美国母亲节（Mother's Day），盖茨提出了微软高管退休的时间表。

1993 年 4 月 11 日，在佛罗里达州飞往西雅图市的包机上，盖茨向梅琳达求婚。盖茨还安排飞机在内布拉斯加州奥马哈市做短暂停留，并带着梅琳达同好友沃伦·巴菲特（Warren Buffett）一起去购物。

1994 年 1 月 1 日，盖茨与梅琳达举行婚礼，婚礼现场设在夏威夷州的拉奈（Lanai）岛上。盖茨预订了岛上所有旅馆的房间及夏威夷州的所有直升机，以防止外界来打扰他们婚礼。参加婚礼的嘉宾包括保罗·艾伦和沃伦·巴菲特等人。

1994 年，在父亲威廉·盖茨的建议下，盖茨拿出 9400 万美元，创立了威廉·盖茨基金会。

成为首富：

1995 年 7 月 17 日，盖茨荣登《福布斯》全球亿万富翁排行榜榜首，个人财富为 129 亿美元，盖茨时年 39 岁。微软当年销售收入为 59 亿美元，员工量为 17801 人。

1996 年 6 月，盖茨第二次成为《连线》杂志封面人物。画面是盖茨裹着浴袍，只是该画面已被 Photoshop 软件处理过。1996 年 12 月，微软股价创下新高，同比上涨 88%。从账面收入看，盖茨当年每天收入高达 3000 万美元。

2015 年 10 月 23 日，根据《福布斯》杂志发布的实时富豪榜，微软创始人比尔·盖茨，以财富 794 亿美元重回全球富豪榜首位。

2016 年 2 月 24 日，胡润研究院发布《2016 胡润全球富豪榜》，比尔·盖茨财富 5200 亿元蝉联世界首富。

2017 年 7 月 17 日，《福布斯》最新财富榜出炉，比尔·盖茨以 900 亿美元的身价蝉联第一，同时这也是比尔·盖茨在《福布斯》全球富豪榜上的第 18 次夺魁。

创立基金：

1999 年，盖茨和他的妻子将威廉·H. 盖茨基金会更名为比尔和梅琳达·盖茨基金会，并表示该基金会的宗旨是：减少全球存在的不平等现象。

2000 年 11 月，盖茨第三次成为《连线》杂志封面人物。在这期杂志中，《连线》披露了微软反垄断官司背后诸多鲜为人知的故事。

2005 年 3 月 2 日，盖茨在英国白金汉宫接受英国女王授予的骑士荣誉勋章。此前，鲁迪·朱利安尼（Rudy Giuliani，前纽约市市长）等人曾获得这一殊荣。自此以后，盖茨有资格在自己姓名后面加上字母"KBE"（英国爵级勋章）。

2005 年 12 月，盖茨夫妇、爱尔兰 U2 乐队主唱波诺（Bono）当选为美国《时代》周刊 2005 年度人物。

2006 年 6 月 15 日，盖茨对外宣布，将在今后两年内退出微软日常管理工作。

2006 年 6 月 26 日，在得到好友巴菲特 300 多亿美元的捐款后，比尔和梅琳·达盖茨基金会的资金规模扩大了一倍，并成为全球第一大慈善基金会。

2007 年 6 月 7 日，50 岁的哈佛肄业生盖茨获得哈佛大学荣誉博士学位。

退休生活：

2008 年 6 月 27 日，比尔·盖茨正式退休，但仍担任微软董事长以保证公司的运营，并把 580 亿美元个人财产捐到比尔和梅琳达·盖茨基金会（他的遗嘱中宣布拿出 98％的个人财产给自己创办的以他和妻子名字命名的"比尔和梅琳达·盖茨基金会"），这笔钱用于研究艾滋病和疟疾的疫苗，并为世界贫穷国家提供援助。

分析：

① 比尔·盖茨的成功首先源自他对自己兴趣爱好的执着追求和努力的付出，不拘泥于形式上的虚荣，为了理想投身创业发展，执着地追求人生的目标，实现了辉煌的人生价值。

② 在比尔·盖茨的技术和市场的完美结合之下，实现了微软公司的腾飞和辉煌。

③ 努力工作，忠诚于客户需求。比尔·盖茨为 Altair 8800 开发 BASIC 程序时，夜以继日地工作，一个月的时间内拿出了符合客户要求的成果。为了达到客户要求，他们努力工作，既是能力的体现也是努力的结果。

④ 追求爱好，努力工作。我们应该拥抱未来，拥抱自己的内心世界。

参 考 文 献

［1］ 许湘岳，蒋璟萍，费秋萍.礼仪训练教程.北京：人民出版社，2012.

［2］ 徐觅.现代商务礼仪教程.北京：北京邮电大学出版社，2008.

［3］ 杨狄.社交礼仪.北京：高等教育出版社，2005.

［4］ 李莉.实用礼仪教程.北京：中国人民大学出版社，2002.

［5］ GB 2894—2008 安全标志及其使用导则.